Yildiz

Kollaborative Projektabwicklung

Bülent Yildiz

Kollaborative Projektabwicklung

Einblicke für die Bauwirtschaft und den Anlagenbau

HANSER

Über den Autor:
Dipl.-Ing. (FH) Bülent Yildiz ist Gründer und Vorstand der Refine Projects AG, refineVVC GmbH in Stuttgart; er hat Lehraufträge an der Hochschule Biberach/Riß und der Hochschule für Technik Stuttgart für die Themen Terminplanung, Design Thinking und Projektmanagement.

Print-ISBN: 978-3-446-47517-5
E-Book-ISBN: 978-3-446-47825-1
ePub-ISBN: 978-3-446-48285-2

Bibliografische Information der Deutschen Nationalbibliothek:
Die Deutsche Nationalbibliothek verzeichnet diese Publikation in der Deutschen Nationalbibliografie; detaillierte bibliografische Daten sind im Internet unter http://dnb.d-nb.de abrufbar.

www.hanser-fachbuch.de
Lektorat: Frank Katzenmayer
Herstellung: le-tex publishing services GmbH, Leipzig
Coverkonzept: Marc Müller-Bremer, www.rebranding.de, München
Covergestaltung: Max Kostopoulos
Titelmotiv: © shutterstock.com/alphaspirit.it
Satz: le-tex publishing services GmbH, Leipzig
Druck: CPI Books GmbH, Leck
Printed in Germany

Vorwort

In einer Welt, die sich ständig weiterentwickelt, ist die Frage, wie Menschen vertrauensvoll und erfolgreich miteinander arbeiten können, ohne den Spaß dabei zu verlieren, entscheidender denn je. Diese Frage hat uns sowohl in unseren Rollen als Berater und Unternehmer und als Partner im Aufbau unseres Unternehmensnetzwerks stark und immer beschäftigt.

Für uns steht fest, der größte Faktor für den Erfolg von Projektarbeit ist stets das Team. High-Performance-Projekte werden durch High-Performance-Teams umgesetzt, und hier spielen wir nicht richtig mit in Deutschland: Stuttgart 21, BER (Flughafen Berlin Brandenburg) und auch das Megaprojekt „Energiewende" sprechen nicht für High-Performance.

Was sollte uns antreiben? Eine Transformation der gesamten Bau- und Anlagenbaubranche, die es ermöglicht, Projekte innerhalb von 100 Tagen auf die Erfolgsspur zu bringen – ohne Terminverzug und mit einem Projektteam, dass für Spaß und Performance steht.

Bülent und ich haben über die Jahre mit unzähligen Stunden über Lösungen nachgedacht. Die gute Nachricht ist: Es gibt sie. Die Herausforderung: Sie erfordern ein grundsätzliches Umdenken und sind nicht mit ein paar Tools oder dem Einsatz einer guten Software zu bewerkstelligen. Die Antwort auf die Frage ist einfach – sie heißt Kollaboration.

Kollaboration ist eine Idee, die mehr Potenzial hat, als nur ein wenig die Projektarbeit zu verbessern. Weil Kollaboration tiefer ansetzt – in der Haltung, in Verhaltensmustern und im grundsätzlichen Verständnis, wie wir als Team Projekte miteinander zum Erfolg führen können. Kollaboration ist mehr als nur ein methodischer Ansatz. Sie stellt uns vor die Frage, ob wir mutig genug sind, uns freizumachen von Zwängen wie etwa vertraglichen Taktiken oder Machtspielchen.

Es ist an der Zeit, ein neues Licht auf High-Performance-Projekte und -Teams zu werfen. Es gibt Auswege, wenn wir verstehen, wo wir umdenken müssen. Das vorliegende Buch wendet sich an Pragmatiker – an Projektteams, die eine Batterieproduktion errichten, einen Flughafen bauen oder ein Forschungszentrum für Impfstoffe planen. An Teams die eine herausfordernde Projektaufgabe vor sich haben.

Dieses Buch leistet einen Beitrag zur Neuentdeckung und höheren Wertschätzung des menschlichen Faktors – eine Notwendigkeit in Zeiten der digitalen Transformation und der Datenflut. Mit diesem Werk möchte Bülent einen Anstoß geben, Denk- und Handlungsweisen zu verändern, die Respekt für Menschen und Ressourcen in den Vordergrund stellen. Dabei spielt Kollaboration eine zentrale Rolle als treibende Kraft für erfolgreiche Projekte und zukunftsorientierte Organisationen.

Das Buch entstand aus den gemeinsamen Erfahrungen unseres Teams bei refine und bietet praktische Einblicke, die über rein theoretische Erörterungen hinausgehen. Es ermöglicht einen schnellen und direkten Zugang zu den Inhalten, um die Anwendung im realen Projektalltag zu erleichtern.

Strukturiert nach dem Golden-Circle-Prinzip von Simon Sinek, gliedert sich das Buch in drei Schlüsselbereiche:

Warum? Bülent erläutert, warum das Thema Kollaboration und kollaborative Projektabwicklung eine hohe Bedeutung hat und essentiell für den Projekterfolg ist.

Wie? Es werden Strategien und Ansätze vorgestellt, die geeignet sind, eine kollaborative Projektabwicklung zu erreichen.

Was? Das Buch liefert praktische Tipps und Anleitungen zur Umsetzung der Konzepte im Projektalltag.

Dieses Buch richtet sich an Praktiker und fokussiert darauf, wie Projekte zielgerichteter, effektiver und effizienter – und dabei auch mit Freude – angegangen werden können. Es dient als Weckruf für die Bau- und Anlagenbaubranche und alle, die durch Projekte unsere Zukunft gestalten möchten.

Die Impulse von Bülent sollten ernst genommen werden, auch wenn sie nicht immer wörtlich zu verstehen sind. Wahrer Wandel entsteht durch gemeinsames Handeln und ein vereintes Streben nach Verbesserung.

Mit besten Grüßen und in enger Verbundenheit,

Prof. Dr. Claus Nesensohn, Mitgründer von refine und Vorstandsmitglied

an meinen Mitgründer und Vorstandskollegen Bülent Yildiz.

Inhalt

Aus Gründen der besseren Lesbarkeit wird auf die gleichzeitige Verwendung der Sprachformen männlich, weiblich und divers (m/w/d) verzichtet. Sämtliche Personenbezeichnungen gelten gleichermaßen für alle Geschlechter.

1 Warum Kollaboration?

1.1 Projekte als Arbeitsform der Zukunft

Projekte sind eine Form der Zusammenarbeit, die bereits seit Langem in vielen Bereichen erfolgreich angewendet werden. Sie ermöglichen es, komplexe Aufgaben in überschaubare Einheiten zu zerlegen und effizient zu bearbeiten.

Nach DIN 69 901 ist ein Projekt ein „befristetes Vorhaben, das ein bestimmtes Ziel erreichen soll. Es zeichnet sich durch Einmaligkeit, Komplexität und Unvorhersehbarkeit aus".

Projektarbeit bietet zahlreiche Vorteile, die sie zu einer vielversprechenden Arbeitsform der Zukunft macht:

- Flexibilität bzw. Agilität: Veränderungen im Umfeld können schnell verarbeitet und Prozesse angepasst werden. Agile Methoden wie Scrum oder Kanban unterstützen eine iterative und inkrementelle Vorgehensweise, um schnelle Ergebnisse zu erzielen. Iterativ heißt: Der Prozess ist in wiederkehrende Zyklen (Sprints in Scrum, Zeitfenster in Kanban) unterteilt, in denen das Team arbeitet, um bestimmte Ziele zu erreichen. Nach jedem Zyklus folgt eine Überprüfung, was gut lief und was verbessert werden kann. Inkrementell steht für „schrittweises Vorgehen": Statt ein vollständiges Endprodukt in einem Schritt zu liefern, wird das Projekt in kleinere, handhabbare Teile (Inkremente) unterteilt. Jedes Inkrement baut auf dem vorherigen auf, sodass das Projekt schrittweise vervollständigt wird. Interdisziplinäre Teams können Fachkenntnisse bündeln und spezifisches Know-how gezielt einsetzen.
- Effizienz: Durch die klare Struktur von Projekten können Ressourcen optimal genutzt und Aufgaben effizienter erledigt werden. Projektmanagement-Methoden und -Werkzeuge helfen dabei, den Arbeitsprozess zu planen, zu steuern und zu überwachen.

- Innovation: Projekte bieten Raum für Kreativität und Innovation. Durch die Zusammenarbeit verschiedener Teammitglieder entstehen neue Ideen und Lösungsansätze. Projektarbeit fördert den Austausch von Wissen und ermöglicht es, neue Wege zu gehen.
- Zusammenarbeit: Projekte erfordern eine enge Zusammenarbeit innerhalb des Teams sowie mit externen Partnern. Durch den Austausch von Wissen und Erfahrungen können Synergien genutzt und bessere Ergebnisse erzielt werden.

Die Einzigartigkeit von Projekten macht sie gleichzeitig zu einem Unterfangen, bei dem mehrere Aspekte beachtet werden müssen:

- Klare Zielsetzung: Definieren Sie von Anfang an klare und realistische Ziele für das Projekt. Diese sollten spezifisch, messbar, erreichbar, relevant und zeitgebunden (engl. Specific, Measurable, Achievable, Reasonable, Time-bound = SMART) sein (siehe hierzu auch Abschnitt 2.1.1).
- Projektplanung: Über einen detaillierten Projektplan werden einzelne Aufgaben, Meilensteine, Ressourcen, Abhängigkeiten und der Zeitplan definiert. Eine sorgfältige Planung ermöglicht es, den Überblick zu behalten und den Projektfortschritt zu steuern.
- Ressourcenmanagement: Benötigte Ressourcen für das Projekt wie etwa Personal, Budget, Ausrüstung und Materialien sind nicht unbegrenzt vorhanden und müssen daher geplant, beschafft und effizient eingesetzt werden.
- Kommunikation: Eine effektive Kommunikation ist entscheidend für den Projekterfolg. Klare und offene Kommunikation fördert das Verständnis, die Zusammenarbeit und die Identifikation von Problemen.
- Risikomanagement: Risiken müssen identifiziert und über ein Risikomanagement vermieden, minimiert oder bewältigt werden.

In der Tat werden Projekte oder die Projektorganisation die Arbeitsform der Zukunft sein – nicht nur für herkömmliche Bereiche wie Bau- oder Anlagenbauprojekte, sondern auch für die Forschung und Entwicklung oder beispielsweise die Planung und Durchführung einer Impfkampagne bei einer Pandemie.

Alles gut? Nein – immer wieder scheitern Projekte. Gründe dafür gibt es viele. Auf diese Gründe möchte ich in diesem Buch nicht eingehen, da sie sehr verschieden sind und die Komplexität der Ursachen eine separate Betrachtung sinnvoll erscheinen lässt. Statt eines passiven Ansatzes – der Vermeidung des Scheiterns – werde ich mich in diesem Buch darauf fokussieren, aktive Ansätze zu beschreiben, wie Projekte über den Faktor Mensch zum Erfolg geführt werden können. Angesichts der zunehmenden Komplexität von Aufgaben und der sich schnell verändernden Arbeitswelt werden Projektteams eine immer wichtigere Rolle spielen. Die Fähigkeit, effektiv in Projekten zu arbeiten, wird daher zu einer wichtigen Schlüsselkompetenz für zukünftige Fachkräfte.

1.2 Warum sollten wir uns mit Kollaboration beschäftigen?

Komplexe Planungs-, Entscheidungs- und Ausführungsprozesse, Fragmentierung in der Wertschöpfungskette (Planer, Realisierungspartner, Nutzer/Betreiber), fehlendes gesamtheitliches Produktionssystem (siehe hierzu Abschnitt 2.1.3) und immer wieder neu zusammengesetzte Teams sind Merkmale vieler Projekte (mit Projekten sind nachfolgend Bau- und Anlagenbauprojekte gemeint). Dies führt zu Problemen bei der Abwicklung:

- Verfehlen der Projektziele,
- fehlende Effektivität und Effizienz,
- Unzufriedenheit der beteiligten Personen.

Hinzu kommt, dass der Planungs- und Bauprozess nach wie vor sehr stark „People Business" und daher abhängig von einzelnen Menschen ist. Hat der Projektleiter seine Mannschaft im „Griff" und ist das Team passend aufgestellt für das Projekt? Der Mensch macht den Unterschied – im Positiven wie auch im Negativen. Ist der Projektleiter gewieft, hat er gefühlt 50 Jahre Erfahrung? Arbeitet das gesamte Projektteam hervorragend zusammen und setzt die Strategien des Projektleiters um? Spielt der Kunde mit und passieren keine unvorhergesehenen Dinge, wie z. B. Lieferengpässe, Ressourcenausfälle oder Änderungen in letzter Minute?

Dies ist allerdings ein Szenario, das in den meisten Fällen nicht eintritt. Vielmehr kämpfen wir erfahrungsgemäß mit nachfolgenden Problemen:

- Es gibt keinen einheitlichen Projektplan (Projektablaufstrategie, Zeitplan, Umfang etc.).
- Stabilisierungsphasen im Projekt sind sehr selten, gefühlt ist das gesamte Projektteam permanent unter Druck.
- Es entstehen Silos im Projekt, d. h., es kristallisieren sich bei den beteiligten Teams und Partnern unterschiedliche Ansichten und Vorgehensweisen im Hinblick auf Projektanforderungen, Planungsvorgaben und Abläufe heraus.
- Es gibt viele Missverständnisse und unterschiedliche Sichtweisen – eine gemeinsame Ausrichtung fehlt oftmals.

Sehr oft beobachten wir auch das Phänomen, dass Projektbeteiligte bewusst oder unbewusst komplett unterschiedliche Perspektiven und Sichtweisen selbst bei einfachen Fragestellungen einnehmen. Bild 1.1 steht für dieses Paradoxon, selbst einfache Fragestellungen beantworten wir aufgrund eigener Perspektive sehr unterschiedlich. Solange Menschen planen und Projekte umsetzen, braucht es jedoch ein gemeinsames Verständnis.

Bild 1.1 Auf die Perspektive kommt es an – auf welcher Seite sitzt der Henkel?

Projekte sind hinsichtlich der Anforderung an Prinzipien, Methoden und Tools eine Herausforderung für alle Projektbeteiligten. Ein weiterer Umstand macht Projekte zu komplexen Herausforderungen: der Mensch.

Es wäre zu einfach, wenn wir Megaprojekte mithilfe von Methoden und Tools so einfach in den Griff bekommen könnten. Weil Projektarbeit und das fertiggestellte Projekt auch das Ergebnis sozialer Interaktion sind, müssen wir Ingenieure anerkennen, dass Planen und Bauen ein ausgesprochen intensiver sozialer Prozess ist. Das gemeinsame Verständnis ist der Schlüsselfaktor für die Projektarbeit und die Umsetzung von Prozessen.

Ohne Zusammenarbeit kein Team, ohne Team kein Projekt. Welche Faktoren beeinflussen die Zusammenarbeit. Mattessich und Monsey haben 18 Studien aus dem Zeitraum von 1975 bis 1991 ausgewertet, um diese Frage zu beantworten (siehe Bild 1.2).

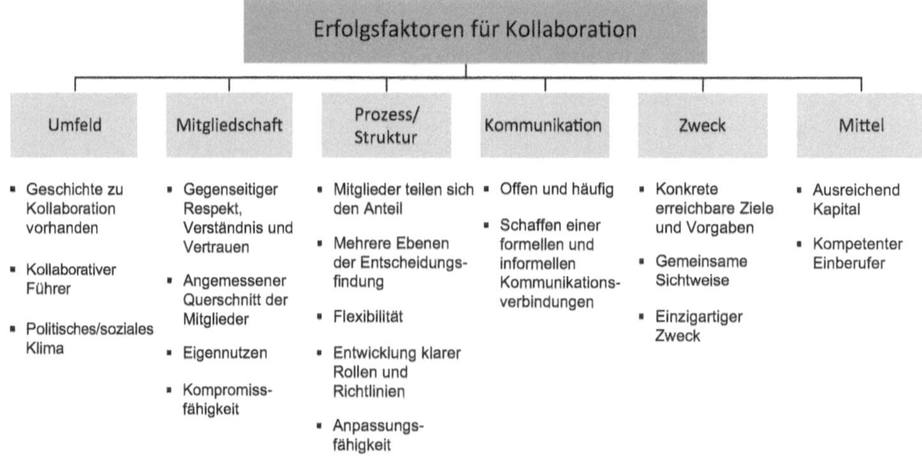

Bild 1.2 Erfolgsfaktoren der Zusammenarbeit (nach Mattessich/Monsey 1992)

„Kollaboration ist eine interorganisatorische Beziehung mit einer gemeinsamen Vision, um eine gemeinsame Projektorganisation mit einer gemeinsam definierten Struktur und einer neuen und gemeinsam entwickelten Projektkultur zu schaffen, die auf Vertrauen und Transparenz basiert; mit dem Ziel, gemeinsam den Wert für den Kunden zu maximieren durch die Lösung von durch interaktive Prozesse, die gemeinsam geplant werden, und durch die Aufteilung von Verantwortung, Risiko und Belohnungen unter den Hauptbeteiligten.“

Annett Schöttle, Shervin Haghsheno und Fritz Gehbauer (2014)

Meines Erachtens lässt sich Kollaboration auf nachfolgende einfache Formel bringen:

Kollaboration = Zusammenarbeit + gemeinsames Verständnis + Vertrauen

Wie die Zusammenarbeit gestaltet, gemeinsames Verständnis sichergestellt und Vertrauen geschaffen werden kann, werden wir in den folgenden Kapiteln kennenlernen.

Laut Adam Grant (Grant 2020), einem US-amerikanischen Psychologen und Professor mit Schwerpunkt auf Organisationspsychologie, ist es bei der Arbeit im Team nicht entscheidend, Teammitglieder zu mögen oder dieselben Fähigkeiten zu besitzen. Was wirklich zählt, sind gemeinsame Werte, die alle Teammitglieder teilen (siehe Bild 1.3).

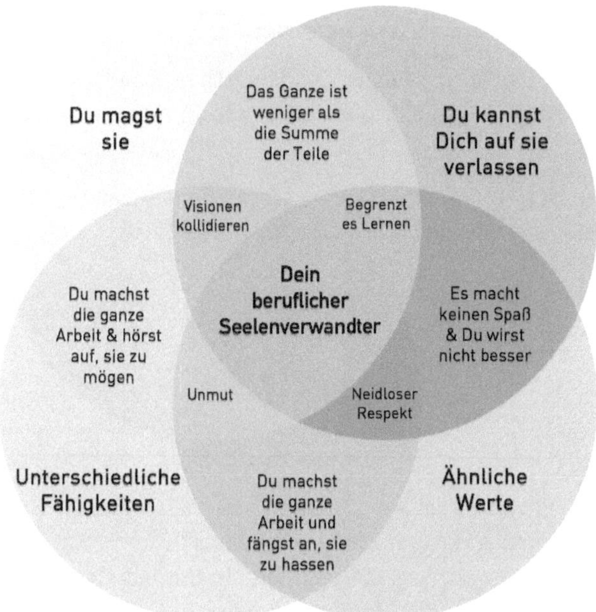

Bild 1.3 Wie man ein kollaboratives Teammitglied auswählt (Quelle: Grant 2020)

Bild 1.3 zeigt die Wichtigkeit gemeinsamer **Werte in der Teamarbeit**. Sie illustriert, wie Teams mit unterschiedlichen Fähigkeiten, aber gleichen Werten effizienter und harmonischer arbeiten können, im Vergleich zu Teams, in denen die Mitglieder sich zwar mögen, aber unterschiedliche Wertvorstellungen haben. Die Grafik dient als visuelle Unterstützung für die These von Adam Grant und betont, dass geteilte Werte das Fundament für erfolgreiche Teamarbeit bilden.

Auch darüber, wie gemeinsame Werte entdeckt, kommuniziert und verabschiedet werden, sprechen wir in den nächsten Kapiteln.

Kollaboration oder Zusammenarbeit ist somit ein wesentlicher Aspekt von sozialen Prozessen und wirtschaftlichen Kennzahlen in Projekten. Es ist nicht nur lohnend, sondern geradezu unerlässlich, sich intensiv mit den Mechanismen und Vorteilen der Kollaboration auseinanderzusetzen, um Projekte erfolgreich und effizient zum Abschluss zu bringen:

- Beziehungen und Vertrauen: Die Zusammenarbeit kann dazu beitragen, Beziehungen aufzubauen und das Vertrauen zwischen Individuen, Teams und Organisationen zu stärken.
- Problemlösung: Bei der Lösung komplexer Probleme kann die Kollaboration dazu beitragen, verschiedene Perspektiven, Fähigkeiten und Erfahrungen zu vereinen. Dadurch können wir kreativere und effektivere Lösungen finden.
- Lernen und Wachstum: Durch die Zusammenarbeit mit anderen können wir voneinander lernen und neue Fähigkeiten und Wissen erwerben.
- Effizienz: Kollaboration kann die Effizienz steigern, indem Arbeitslasten ausgeglichen und Synergien genutzt werden. Gemeinsam können wir oft mehr erreichen, als wenn wir alleine arbeiten.
- Innovation: Kollaboration fördert die Innovation, da verschiedene Ideen und Perspektiven aufeinandertreffen und zu neuen Lösungen führen können.

1.3 Einflussfaktoren

1.3.1 Vertrauen

Die Dynamik von Teamarbeit in Projekten ist komplex und von vielen Faktoren geprägt. Einige der wesentlichen Elemente, die den Erfolg von Teams fördern, sind Vertrauen, Respekt und gegenseitige Unterstützung. Sie schaffen ein Umfeld, das zur effektiven Zusammenarbeit und höheren Produktivität führt. Vertrauen, Respekt und gegenseitige Unterstützung sind wesentliche Pfeiler für den Erfolg eines Teams, insbesondere wenn es um komplexe Projekte mit vielen Projektbeteiligten geht. Diese Werte sind entscheidend, da sie das Fundament für eine effiziente und harmonische Zusammenarbeit bilden.

Ein bekanntes Beispiel ist das Apollo-Mondlandungsprojekt der NASA, bei dem trotz unglaublicher technischer Herausforderungen und hohem zeitlichen Druck ein starkes Gefühl von Vertrauen und gegenseitiger Unterstützung unter den Teammitgliedern zu einem erfolgreichen Ergebnis führte. Um das Konzept näher an die Realität zu bringen, kann man auch den Bau eines Bürogebäudes als Beispiel heranziehen. In solch einem Projekt müssen Architekten, Ingenieure, Bauarbeiter und viele andere Beteiligte eng zusammenarbeiten. Hier können Vertrauen und eine offene Kommunikation dazu beitragen, dass trotz der Komplexität und der zahlreichen Schnittstellen zwischen den verschiedenen Gewerken das Projekt erfolgreich und im Zeitplan abgeschlossen wird. Teamarbeit und Vertrauen, Fehlermanagement und Lernfähigkeit sowie interdisziplinäre Zusammenarbeit sind gemeinsame Prinzipien, die für den Erfolg der Teams in beiden Beispiel-Projekten Gültigkeit haben.

Vertrauen schafft ein Klima, in dem sich Teammitglieder trauen, offen zu sprechen, Ideen zu teilen, Risiken einzugehen und Fehler zu machen. Vertrauen fördert auch die Bereitschaft, Verantwortung für Aufgaben und Entscheidungen zu übernehmen. Respekt trägt dazu bei, dass sich alle Teammitglieder wertgeschätzt und gehört fühlen, was wiederum ihr Engagement und ihre Motivation erhöhen. Gegenseitige Unterstützung erleichtert die Zusammenarbeit und trägt dazu bei, Hindernisse und Herausforderungen effektiv zu bewältigen.

Wir alle sind Experten für Vertrauen – wir spüren sofort, wenn wir Geborgenheit empfinden oder Vertrauen verloren geht. Vertrauen ist damit ein wesentlicher Einflussfaktor für erfolgreiche Kollaboration:

- Kommunikation: Teammitglieder neigen dazu, offener und ehrlicher zu kommunizieren. Meinungen werden geäußert, Fragen gestellt und Feedback gegeben. Dies kann zu effektiverer Kommunikation und besseren Entscheidungen führen.
- Zusammenarbeit und Teamarbeit: Vertrauen erleichtert die Zusammenarbeit, da Teammitglieder eher bereit sind, Aufgaben zu teilen, Verantwortung zu übernehmen und auf ein gemeinsames Ziel hinzuarbeiten.
- Konfliktlösung: Vertrauen kann helfen, Konflikte effektiver zu bewältigen. Wenn Menschen einander vertrauen, sind sie eher bereit, Interessen des Gegenübers zu verstehen, darauf einzugehen und Lösungen zu finden, die im Interesse des Teams sind.
- Risikobereitschaft: In Umgebungen mit hohem Vertrauen sind die Menschen eher bereit, Risiken einzugehen, weil sie wissen, dass sie Unterstützung erhalten, wenn etwas schiefläuft. Dies kann Innovation und Kreativität fördern.

- Engagement und Zufriedenheit: Wenn Menschen ihren Kollegen und Vorgesetzten vertrauen, fühlen sie sich oft mehr in ihrer Arbeit engagiert und sind zufriedener. Dies kann zu höherer Produktivität und geringerer Fluktuation führen.

Vertrauen ist der Rohstoff der Zukunft! Der Ansatz muss lauten: Der Mensch(!) steht im Mittelpunkt. Und Menschen brauchen Vertrauen.

Wenn ich eine Formel für Vertrauen aufstellen müsste, würde sie lauten:

$$100 - 1 = 0$$

Wenn Vertrauen auch nur ein einziges Mal missbraucht wird, kann das eine Beziehung komplett zerstören.

Simon Sinek hat in einer Keynote (Sinek 2019) den Zusammenhang zwischen Vertrauenswürdigkeit und Leistung dargestellt. Am Beispiel seiner Zusammenarbeit mit den Navy SEALs, einer Spezialeinheit für militärische Sonderoperationen der US Army, erklärt er, worauf man bei Teammitgliedern achten sollte, um ein gut funktionierendes Team zusammenzustellen.

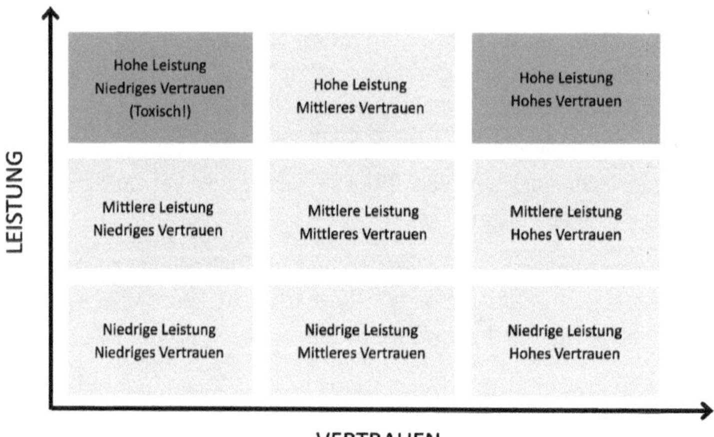

Bild 1.4 Leistung und Vertrauen – warum Vertrauen wichtiger ist als Können (nach Sinek 2019)

Sinek beschreibt, dass Menschen mit hoher Performance und geringer Vertrauenswürdigkeit „toxische" Führungskräfte und Mitarbeiter sind. Stattdessen bevorzugen die Navy SEALs Menschen mit mittlerer Leistung, aber einer hohen Vertrauenswürdigkeit. Ohne Vertrauen keine Performance! Ein High-Performance-Mitarbeiter, der nicht das Vertrauen der Teammitglieder genießt, kann zwar kurzfristig Erfolge erzielen, wird aber langfristig versagen.

Ob in Vertragsverhandlungen oder in Ausführungsprozessen auf der Baustelle: Die Präferenz der Navy SEALs für Vertrauenswürdigkeit gegenüber reiner Leistungsfähigkeit kann definitiv auch auf die Projektabwicklung angewendet werden.

Ein Beispiel aus der Praxis soll dies verdeutlichen – ein Fall von Vertrauensbruch im Projekt „Solarfield“. Bei diesem Projekt handelte es sich um ein ambitioniertes Bauvorhaben, bei dem ein Solarpark errichtet werden sollte. Das Team bestand aus Ingenieuren, Bauleitern und zahlreichen Handwerkern. Unter ihnen war Gerd, ein Ingenieur mit hervorragenden technischen Fähigkeiten, aber eher verschlossener Persönlichkeit. Gerd entdeckte recht früh eine technische Herausforderung, die die Effizienz des Solarparks dramatisch hätte steigern können. Er hielt diese Information jedoch zurück und wollte sie in einem späten Stadium des Projekts als seine persönliche „Heldentat“ präsentieren. Er glaubte, dies würde ihm einen Vorteil bei anstehenden Beförderungen verschaffen.

Als die Konstruktionsphase begann, stellten die Bauleiter jedoch fest, dass der ursprüngliche Plan Schwächen aufwies. Wertvolle Zeit ging verloren, als das Team versuchte, das Problem zu diagnostizieren und zu lösen. Schließlich trat Gerd auf den Plan und präsentierte seine Lösung. Zwar konnte damit die technische Herausforderung bewältigt werden, aber der Zeitverlust und die zusätzlichen Kosten für die Änderungen führten zu Budgetüberschreitungen und verärgerten die Stakeholder.

Gerds Handeln hatte das Vertrauen innerhalb des Teams gebrochen. Die anderen Mitglieder begannen, Informationen und Erkenntnisse vorsichtiger zu teilen aus Angst vor weiteren versteckten Agenden. Obwohl Gerd technisch kompetent war, schadete sein Mangel an Vertrauenswürdigkeit langfristig dem gesamten Projekt und dem Teamklima.

In einem Parallelprojekt „Waldwind“ wurde hingegen auf Teammitglieder mit einer hohen Vertrauenswürdigkeit gesetzt. Obwohl das Team auf dem Papier weniger qualifiziert war, lief die Kommunikation reibungslos, und potenzielle Probleme wurden frühzeitig angesprochen. Das Projekt konnte rechtzeitig und im Rahmen des Budgets abgeschlossen werden und das Team erntete Lob von allen Beteiligten.

Vertrauen in Teams aufbauen und pflegen

Vertrauen entsteht nicht über Nacht. Es erfordert Zeit, Bemühungen und Engagement von allen Teammitgliedern. Hier sind einige Schritte, um Vertrauen im Team aufzubauen und zu pflegen:

- Kommunikation: Klare und offene Kommunikation ist der Schlüssel. Teammitglieder sollten ermutigt werden, ihre Gedanken, Ideen und Bedenken frei auszudrücken. Es ist auch wichtig, dass Informationen transparent gemacht und Missverständnisse schnell geklärt werden.

- Zuverlässigkeit: Vertrauen entsteht, wenn Teammitglieder sehen, dass sie sich aufeinander verlassen können. Dies bedeutet, dass Versprechen eingehalten, Fristen respektiert und hohe Qualitätsstandards eingehalten werden müssen.
- Integrität: Ehrlichkeit und Fairness sind entscheidend für das Vertrauen. Fehler und Probleme sollten offen angesprochen und gelöst werden, und es sollte ein hoher ethischer Standard in allen Aspekten der Teamarbeit gelten.

Respekt im Team fördern

Respekt im Team bedeutet, dass alle Teammitglieder die Meinungen, Ideen und Beiträge der anderen schätzen und anerkennen. Hier sind einige Möglichkeiten, wie Respekt im Team gefördert werden kann:

- Wertschätzung zeigen: Teammitglieder sollten ermutigt werden, die Arbeit und den Beitrag der anderen anzuerkennen und zu schätzen. Dies kann durch positives Feedback, Anerkennung und Belohnungen geschehen.
- Vielfalt respektieren: Teams bestehen oft aus Mitgliedern mit unterschiedlichen Hintergründen, Fähigkeiten und Perspektiven. Diese Vielfalt sollte respektiert und als Stärke gesehen werden.
- Gleichberechtigung fördern: Alle Teammitglieder sollten gleichbehandelt werden, unabhängig von ihrer Rolle, ihrem Status oder ihrer Erfahrung. Jeder sollte die Möglichkeit haben, seine Ideen einzubringen und Entscheidungen zu beeinflussen.

1.3.2 Fehlerkultur und psychologische Sicherheit als Erfolgsfaktoren für Teams

Wir leben in einer Performance-Gesellschaft, es zählt das Leistungsprinzip. Aber haben wir auch das Vertrauen des Chefs, des Projektleiters und anderer Projektbeteiligter, auch mal Fehler zu machen oder versagen zu können? In unserer leistungsorientierten Gesellschaft wird oft der Wert der Vertrauenswürdigkeit gegenüber der reinen Performance übersehen. Wie ist es um das Recht zu scheitern oder Fehler zu machen bestellt? Tatsächlich haben viele talentierte Teammitglieder nicht nur die Fähigkeiten für den Erfolg, sondern auch die mentale Einstellung, die das Risiko des Scheiterns einschließt. Dieses Mindset ist essenziell, denn Teams, die keine Risiken eingehen oder Fehler nicht als unvermeidlichen Bestandteil des Lernprozesses betrachten, tendieren dazu, in ihrer Komfortzone zu verharren.

Amy C. Edmondson, eine renommierte Teamforscherin, hat 1999 in ihren Studien die Bedeutung der psychologischen Sicherheit hervorgehoben (Edmondson 1999). In einer Umgebung psychologischer Sicherheit fühlen sich die Teammitglieder ermächtigt, Risiken einzugehen, Fragen zu stellen und ihre Meinung offen zu äußern – ohne Angst vor negativen Konsequenzen. Diese Art von Umgebung fördert nicht nur die Produktivität, sondern auch das Wohlgefühl und die Zufriedenheit der Teammitglieder.

Es ist also nicht nur eine Frage der Performance, sondern auch des Vertrauens und der psychologischen Sicherheit, die ein Team erfolgreich machen. Ein hohes Maß an psychologischer Sicherheit fördert ein innovatives Klima, das zu besseren Ergebnissen führt.

> *„Erhöhte psychologische Sicherheit führt zu besseren Ergebnissen. Studien haben gezeigt, dass sich ein Gefühl der Isolation negativ auf die kognitive Gesundheit, die körperliche Gesundheit, die Zufriedenheit und die Produktivität auswirkt. Deshalb sind psychologische Sicherheit und ein Gefühl der Zugehörigkeit wichtig."*
>
> Angela Kochuba, linkedin (2022)

Verschiedene weitere Studien, z. B. Googles Teamstudie 2015 (Google re:Work 2015), bestätigen: Psychologische Sicherheit ist der entscheidende Erfolgsfaktor. Ein sicheres Umfeld wirkt sich aus mehreren Gründen positiv auf die Arbeitsergebnisse aus:

- Fehlermanagement: Wenn Menschen keine Angst vor negativen Konsequenzen haben, sind sie eher bereit, Fehler zuzugeben und daraus zu lernen, anstatt sie zu verbergen oder zu ignorieren. Dies kann dazu beitragen, Probleme schneller zu erkennen, sie zu beheben und zukünftig Fehler zu vermeiden. Schlechte Nachrichten – zu einem frühen Zeitpunkt – sind gute Nachrichten.
- Verbesserung der Zusammenarbeit: Psychologische Sicherheit kann die Zusammenarbeit und das Vertrauen im Team stärken, da Teammitglieder eher bereit sind, Risiken einzugehen, Feedback zu geben und zu erhalten und Verantwortung zu übernehmen.
- Förderung der Offenheit und des Lernens: In einer psychologisch sicheren Umgebung sind Teammitglieder eher bereit, Fragen zu stellen, Ideen vorzuschlagen und neue Dinge auszuprobieren. Dies kann das Lernen, die Kreativität und die Innovation fördern.
- Erhöhung der Mitarbeiterzufriedenheit und -bindung: Teammitglieder, die sich psychologisch sicher fühlen, fühlen sich oft mehr wertgeschätzt, engagierter und zufriedener in ihrer Arbeit. Dies kann dazu beitragen, die Mitarbeiterbindung und Produktivität zu erhöhen.

Reflektion und Klarheit

> *„Verstehen kann man das Leben nur rückwärts. Leben kann man es nur vorwärts.“*
>
> Sören Kierkegaard

Zwei Erkenntnisse lassen sich aus der Bedeutung von Vertrauen für Projekte ableiten. Zum einen sollten wir allen Projektbeteiligten zugestehen, ihre Prozesse selbst zu planen. Zum anderen sollten wir aber regelmäßig reflektieren und begreifen, was im Projekt passiert oder – genauer gesagt – passiert ist. Reflektion sollten wir daher in Form von kurzzyklischen wöchentlichen Evaluationen umsetzen. Auf beide Aspekte gehe ich in Abschnitt 2.1.3 noch genauer ein.

Reflektion trägt dazu bei, das Lernen zu fördern, die Effektivität zu verbessern und die Beziehungen innerhalb des Teams zu stärken. Sie fordert Eigenverantwortung und fördert das Engagement des Projektteams. Teammitglieder erhalten dabei die Gelegenheit, ihre Erfahrungen und Gefühle zu reflektieren und diese Erkenntnisse für ihre Arbeit und ihre Ziele zu nutzen. Damit das funktioniert, benötigen sie ein Umfeld von psychologischer Sicherheit und Klarheit.

> *„Weil Klarheit über den persönlichen Beitrag zum größeren Ganzen die Voraussetzung für Veränderung auf individueller Ebene ist; und diese wiederum Voraussetzung für Veränderung auf der Team- & Sachebene.“*
>
> Thomas Theullirat Oneday

2 Wie gehen wir Projekte an?

2.1 Das Projekt ist deine Produktion – von der Projektidee bis zu der Übergabe

Produktion

Versteht man unter dem Begriff der Produktion, die von Arbeitskräften mittels Arbeit bewirkten Prozesse der Transformation, um aus natürlichen wie bereits produzierten Ausgangsstoffen (Werkstoffe) unter Einsatz von Energie und bestimmten Produktionsmitteln Güter zu erzeugen, so trifft das prinzipiell auch auf Bau- und Anlagenbauprojekte zu.

Es ist hilfreich, Projekte sowohl in der Planung als auch in der Ausführung als Produktionen auf Zeit zu betrachten. Prinzipien der stationären Fertigung, etwa Lean-Prinzipien, lassen sich auf Projekte übertragen. Dieser Ansatz bietet enorme Möglichkeiten zur Verringerung des Zeit- und Kostenaufwands für die Errichtung von Anlagen (Ballard/Howell 1998). Damit wir alle Vorteile der stationären Fertigung nutzen können, benötigen wir ein Produktionssystem für unsere Projekte.

Ein Produktionssystem ist ein System von Strategien, Prinzipien und Methoden zur Produktion innerhalb eines Unternehmens.

Lean

Der Begriff Lean wurde von Jeffrey Liker in seinen über 20-jährigen Forschungsarbeit zum Toyota-Produktionssystem geprägt. Oftmals beschäftigen sich Menschen in Zusammenhang mit Lean sofort mit Methoden und Tools bzw. Werkzeugen. **Lean Management** wird dabei auf eine Sammlung von Instrumenten reduziert mit dem Ziel, Abläufe effizient zu gestalten. Dies geht aber völlig an dem Zweck der Instrumente und am Konzept vorbei, wie Bild 2.1 zeigt. Im Mittelpunkt des Lean-Ansatzes steht der Mensch, Fundament des Systems sind Werte (Liker/Hoseus 2008).

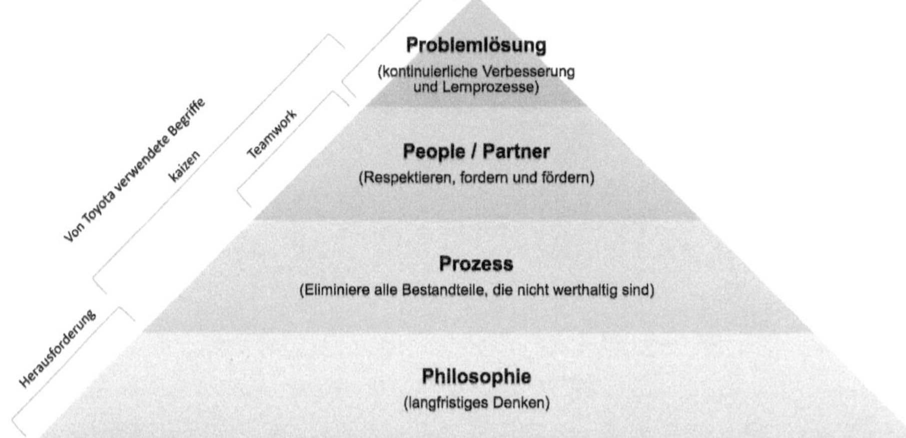

Bild 2.1 Das 4P-Modell (nach Liker/Hoseus 2008)

In den 1980er- und 1990er-Jahren hat sich die Wissenschaft intensiv mit dem Lean-Management-Ansatz beschäftigt und dessen Methoden und Kernaussagen in den folgenden **fünf Lean-Prinzipien** zusammengefasst, nach denen der Produktionsprozess gestaltet sein muss:

- Kundenmehrwert steht im Zentrum der Aktivität

  Durch Identifikation des Mehrwerts und Fokussierung auf Kundenwünsche und -anforderungen wird die Grundlage für die richtige Ausrichtung des Prozesses geschaffen.

- Prozessoptimierung/Identifikation des Wertstroms

  Zerlegung des Prozesses in Teilprozesse und Ausrichtung auf den Wertstrom.

- Fluss-Prinzip

  Der Wertstrom soll möglichst ohne Unterbrechungen und Verzögerungen, also in einem stetigen Fluss, laufen.

- Pull-Prinzip

  Diese verstetigte Kette läuft rückwärtsgerichtet, ausgehend von der Bedarfsanforderung des Kunden. Im Idealfall gibt es dadurch keine Lagerung, keine Verzögerungen und keine Wartezeiten, weil jedes Teil, das gerade gebraucht wird, in einem stetigen Fluss harmonisch genau an dem Ort ist, an dem es gerade gebraucht wird.

- Kontinuierliche Verbesserung

  Die Grundidee von Lean Management sieht ständige Verbesserungsmöglichkeiten durch neue Methoden, Ideen und Lernprozesse vor. Man gibt sich nicht mit dem

Bestehenden zufrieden. Insofern wird es nie einen perfekten Zustand geben, sondern der Weg wird ständig weiter beschritten, um dabei nach Perfektion zu streben. Abgeleitet ist dies von der japanischen Kaizen-Philosophie.

Lean ist die Kombination aus Unternehmensphilosophie und -kultur, beinhaltet einen Methodenkoffer und fokussiert als Managementstrategie den Menschen, die Prozesse und letzten Endes den Weg zum Produkt, nämlich dem Gebäude, der Anlage etc.

Lean braucht den Willen zum respektvollen Miteinander, allseitige Transparenz und eine klare Kommunikation. Ein Schlüsselelement dieser Herangehensweise ist das **visuelle Management**. Die Planung von Prozessen, Workshops zur kreativen Lösungsfindung, das Zusammenfassen von Ergebnissen etc. – für all das sollten einfache Mittel wie Whiteboards, Post-its und Brown Paper (Pinnwand-Papier) vorgezogen werden. Der Ort, an dem alle Zahlen, Daten und Fakten zusammenkommen, sozusagen die Schaltzentrale, ist der „Big-Room" (siehe Bild 2.2). Der Big-Room ist eine physische Umgebung, in der sich alle Projektbeteiligten regelmäßig treffen, um den aktuellen Status und die nächsten Schritte zu diskutieren. Dieser Raum dient als zentraler Ort der Begegnung für die Sammlung von Daten, Informationen und Ideen. Er bietet eine Plattform für interdisziplinäre Kommunikation und Zusammenarbeit, um die Projekteffizienz zu steigern.

1 x Haftnotizen

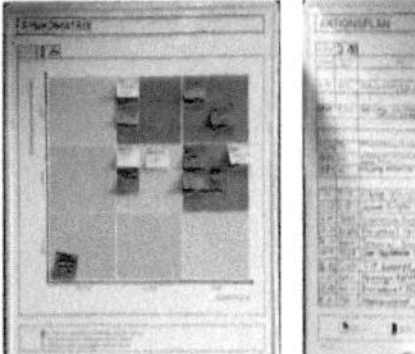
2 x Whiteboards (Aktionsplan & Risikomatrix)

Plantafeln (1 Tafel á 216 x 58 cm)

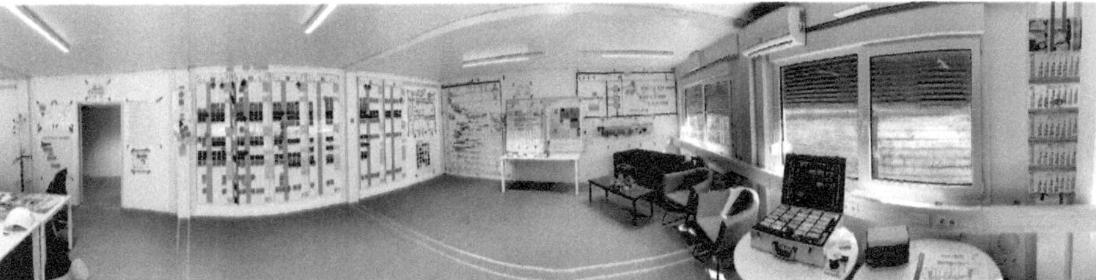
Big-Room

Bild 2.2 Blick in den Big-Room (Quelle: Refine Projects AG, 2022)

2.1.1 Gemeinsame Ziele als grundlegender Faktor für Kollaboration

„Dreams without goals are just dreams.“

Denzel Washington

Zielformulierung

Projektziele definieren die Erwartungshaltung des Kunden an das Ergebnis. Projektziele sind ein Leitfaden für alle Projektaktivitäten. Sie sind aus mehreren Gründen wichtig:

- Orientierung und Führung: Projektziele vermitteln dem Projektteam, was erreicht werden soll, und helfen zu fokussieren.
- Messung und Kontrolle: Der Fortschritt kann effektiv gemessen und überwacht werden.
- Motivation: Ziele vermitteln dem Projektteam den Zweck des Projekts und tragen so zur Motivation bei.
- Kommunikation: Projektziele helfen dabei, die Erwartungen an alle Beteiligten zu kommunizieren.

Die klassische Betrachtung der Ziele, das magische Dreieck aus Kosten, Termine und Qualitäten, ist etabliert und wird oft als spezifisch, messbar, erreichbar, relevant und zeitgebunden (SMART) definiert, um sicherzustellen, dass die Ziele klar und realistisch sind. Die Methoden zur Definition und Formulierung von Projektzielen können jedoch noch weiter verfeinert und angepasst werden, um den veränderten Anforderungen und Kontexten gerecht zu werden (siehe Bild 2.3).

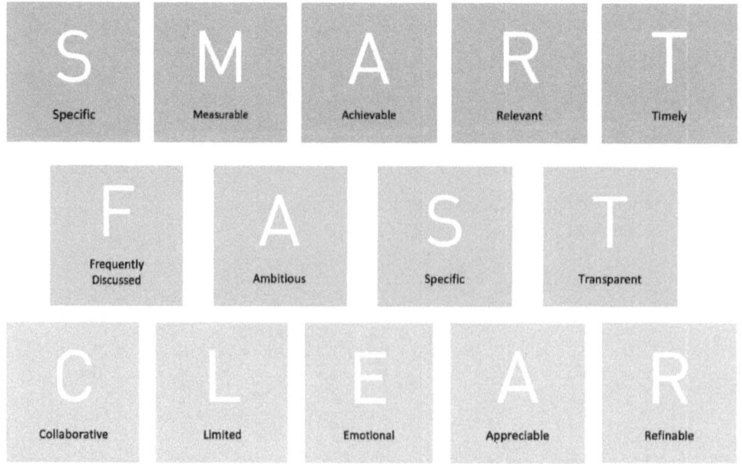

Bild 2.3 Projektziele

- SMART-Ziele: Die Ziele sollten spezifisch, messbar, erreichbar, relevant und zeitlich begrenzt sein.
- FAST-Ziele:
  - **F**requently discussed: Die Ziele sollten regelmäßig diskutiert werden, um sicherzustellen, dass sie weiterhin relevant und fokussiert bleiben. Dies ermöglicht es, auf Herausforderungen und Veränderungen schnell zu reagieren.
  - **A**mbitious: Ziele sollten ehrgeizig und herausfordernd sein, um Verbesserungen und Innovationen anzustreben. Das Streben nach ehrgeizigen Zielen kann zu besseren Leistungen führen.
  - **S**pecific: Ziele sollten spezifisch und eindeutig sein. Dies sorgt für Klarheit und reduziert Missverständnisse und Fehlausrichtungen.
  - **T**ransparent: Ziele sollten innerhalb der Organisation transparent sein. Durch das Teilen von Zielen können Teams ihre Arbeit auf die Unternehmensziele abstimmen und sich gegenseitig Rechenschaft ablegen.
- CLEAR-Ziele: Diese Methode legt den Schwerpunkt auf Ziele, die klar, begrenzt, engagiert, anpassungsfähig und relevant sind.
  - **C**ollaborative: Das Ziel sollte die Zusammenarbeit fördern und erfordern. Die Teammitglieder sollten zusammenarbeiten, um das Ziel zu erreichen.
  - **L**imited: Das Ziel sollte in Umfang und Dauer begrenzt sein. Es sollte klar sein, was erreicht werden soll und in welchem Zeitrahmen.
  - **E**motional: Das Ziel sollte eine emotionale Verbindung oder Relevanz für das Team haben. Das hilft, die Motivation hochzuhalten.
  - **A**ppreciable: Große Ziele sollten in kleinere, handhabbare Aufgaben unterteilt werden. Das hilft, den Fortschritt sichtbar zu machen und das Gefühl des Erfolgs zu fördern.
  - **R**efinable: Das Ziel sollte flexibel genug sein, um angepasst werden zu können, wenn sich die Umstände ändern.

Jede Methode zur Zielformulierung hat ihre Vor- und Nachteile und kann je nach spezifischen Anforderungen des Projekts oder der Organisation variieren. Wenn wir die Kollaboration im Projekt sicherstellen wollen, sollten die Ziele des Projektteams, genauer gesagt der Projektabwicklung, an sich ebenfalls identifiziert und dokumentiert werden. Das ist von entscheidender Bedeutung, wenn wir Kollaboration im Projektteam fördern und fordern wollen. Ein Ansatz hierfür ist, die „Konditionen der Zufriedenheit" zu erarbeiten.

Konditionen der Zufriedenheit

> *„Kreativität ist das, was man einsetzt, wenn man nicht genau weiß, was dabei rauskommt."*
>
> Richard David Precht (2013)

Folgend drei Faktoren beeinflussen die Motivation bei der Projektarbeit:

- Sinn (Zweck): Projektteammitglieder sind motivierter, wenn sie das Gefühl haben, dass ihre Mitarbeit einen Zweck hat und einen Beitrag zum Projekterfolg leistet. Ein klarer und inspirierender Zweck kann den Mitarbeitern helfen, ihre Rolle im Gesamtbild zu verstehen und zu schätzen.
- Autonomie: Autonomie bezieht sich auf das Gefühl, Kontrolle über seine Arbeit und Entscheidungen zu haben. Wenn Projektteammitglieder erkennen, dass sie die Möglichkeit haben, ihre Arbeit auf ihre Weise zu erledigen, erhöht das in der Regel ihre Zufriedenheit und Motivation.
- Anerkennung und Wertschätzung: Anerkennung und Wertschätzung sind wesentliche Motivationsfaktoren. Wenn Projektteammitglieder das Gefühl haben, dass ihre Beiträge anerkannt und geschätzt werden, steigert das in der Regel ihre Motivation und ihr Engagement.

Diese Faktoren können dazu beitragen, ein positives Projektumfeld zu schaffen, in dem das Team motiviert und engagiert ist. Es ist wichtig zu beachten, dass verschiedene Menschen von verschiedenen Faktoren motiviert werden können, und dass es darum geht, einen gemeinsamen „Best for us"-Ansatz zu erarbeiten. Dies erfolgt über einen Workshop, in dem die „Konditionen der Zufriedenheit" für das Projektteam identifiziert und dokumentiert werden. Wie der Workshop umgesetzt wird, darauf gehe ich in Abschnitt 2.2.2 ein.

2.1.2 Fokus

Ein gemeinsames Verständnis für die Ziele ist eminent wichtig, reicht aber nicht aus. Um ein Projekt erfolgreich und kollaborativ abwickeln zu können, braucht es auch einen Fokus. Dies zeigt uns die nachfolgende Geschichte, die ich gerne teile, nachdem ich sie in einem Podcast gehört habe.

> *Ein Professor steht vor seinen Studenten, vor sich ein leeres Marmeladenglas. Mit Unterrichtsbeginn nimmt er wortlos das sehr große Glas und füllt es bis zum Rand mit großen Steinen.*
> *Dann fragt er die Studenten, ob das Glas voll sei. Sie stimmen zu.*
> *Der Professor nimmt daraufhin eine Schachtel mit kleinen Kieselsteinen und schüttet sie in das Glas. Er schüttelt das Glas leicht und die Kiesel fügen sich in die offenen Bereiche zwischen den großen Steinen ein.*

Er fragt die Studenten erneut, ob das Glas voll sei. Sie stimmen wieder zu.
Der Professor greift nun nach einer Schachtel mit Sand und schüttet sie in das Glas. Natürlich füllt der Sand die verbliebenen Lücken aus.
Einmal mehr fragt er, ob das Glas jetzt voll sei. Die Studenten antworten wieder einstimmig mit Ja.
Der Professor schüttet schließlich zwei Becher mit Wasser in das Glas, das vom Sand rasch und vollständig aufgesogen wird.

Quelle unbekannt

Die Moral von der Geschichte: Die großen Steine repräsentieren die wichtigen Dinge im Leben wie Familie, Gesundheit, Freunde. Die Kieselsteine stehen für andere, weniger wichtige Dinge wie Auto, Geld etc. Der Sand symbolisiert schließlich die kleinen Dinge im Leben. Wenn man zuerst den Sand in das Glas füllt, bleibt kein Raum für die Kieselsteine oder die großen Steine.

Bild 2.4 Fokus auf die großen Steine des Projekts (Quelle: Jeremy Thomas)

Und genauso verhält es sich, wenn man das Projekt mit Kleinigkeiten füllt und den Fokus nicht schärft: Man hat keinen Platz mehr für die wichtigen Dinge. Ein klarer Fokus hilft uns dabei, das Projektziel und den Kundenmehrwert stets im Blick zu behalten. Es macht keinen Sinn, viele Ressourcen und Kreativkräfte etwa in Standardprozesse und Formalien zu investieren. Der Fokus sollte auf folgende Themen ausgerichtet sein:

- Ziele (SMART-FAST-CLEAR),
- Team („Wir sind mehr"-Prinzip),
- Prozess (Streben nach einem perfekten Prozess ohne Verschwendung).

Um den Fokus perfekt auszurichten, müssen zwei Dinge zusammenkommen: Intention und Aktion. Beide stehen in engem Zusammenhang, da die Intention oft die Aktion leitet. Dem Team hilft in der Regel eine Intention oder ein Plan, bevor es in die Aktion geht (siehe Bild 2.5).

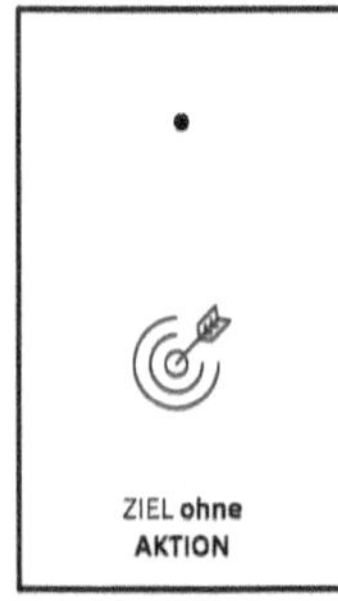

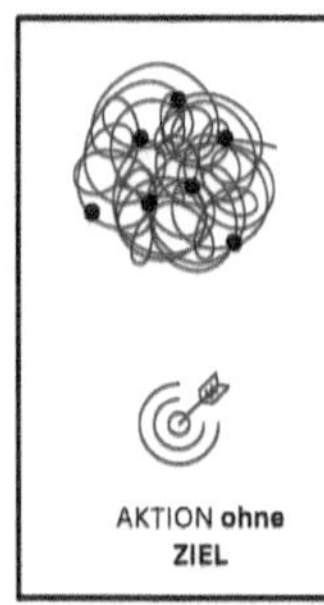

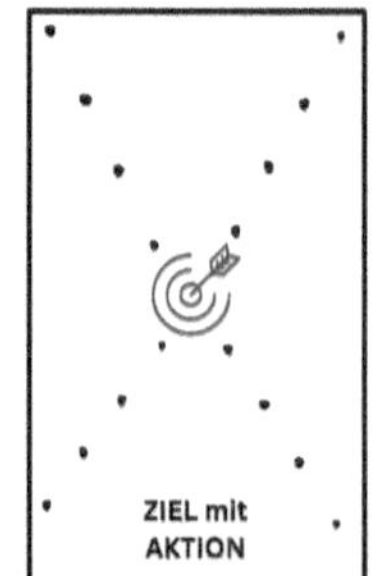

Bild 2.5 Intention und Aktion

Die **Intention** dient als Leitstern, der den Weg für die konkreten Handlungen – die Aktionen – des Teams vorgibt. Ohne eine klar definierte Intention besteht die Gefahr, dass die Teammitglieder ziellos agieren und Ressourcen ineffizient nutzen.

Umgekehrt kann eine wohlüberlegte Intention ohne entsprechende Aktionen zur Umsetzung lediglich eine abstrakte Idee bleiben. Es ist die Kombination aus einer klaren Intention und zielgerichteten Aktionen, die ein Team in die Lage versetzt, seine Ziele effizient und effektiv zu erreichen. Vor dem Beginn eines jeden Projekts oder einer neuen Projektphase sollte das Team deshalb Zeit investieren, um seine Intentionen zu klären:

- Welches sind die langfristigen Ziele?
- Welche kurzfristigen Meilensteine müssen erreicht werden?
- Und welche Ressourcen stehen zur Verfügung?

Das Team sollte diese Überlegungen regelmäßig überprüfen und anpassen, da Projekte dynamisch sind und sich die Rahmenbedingungen ändern können. Eine visuelle Darstellung, vielleicht auf einem Whiteboard oder in digitaler Form (siehe Bild 2.5), kann helfen, den Überblick zu behalten und sicherzustellen, dass Intention und Aktion im Einklang stehen.

Angenommen, die Intention des Teams bei einem Mehrfamilienhausprojekt besteht darin, ein energieeffizientes und umweltfreundliches Gebäude zu schaffen, das sowohl komfortabel für die Bewohner als auch wirtschaftlich rentabel für die Investoren ist. Diese übergeordnete Intention wird im Rahmen eines Kick-off-Meetings mit allen Projektbeteiligten klar definiert und schriftlich festgehalten. Die Dokumentation dient als Leitfaden und Erinnerungshilfe für das gesamte Team.

Nun muss diese Intention in konkrete Aktionen umgewandelt werden. Hier einige Beispiele:

- Baumaterialien: Das Team entscheidet sich für den Einsatz von nachhaltigen, energieeffizienten Materialien und Technologien. Ein Bauleiter wird mit der Aufgabe betraut, geeignete Lieferanten zu identifizieren und Angebote einzuholen. Ohne eine klare Intention besteht die Gefahr, dass die einzelnen Aktionen nicht auf ein gemeinsames Ziel ausgerichtet sind. Zum Beispiel könnte ein Teammitglied aus Kostengründen falsche Materialien wählen, während ein anderes Teammitglied hochwertige, aber teure Materialien für eine bessere, aber nicht sachgerechte Qualität bevorzugt (z. B. unempfindlichere, dafür aber schadstoffhaltigere Dämmmaterialien). Dies würde zu einem inkonsistenten Endprodukt führen.
- Objektplanung: Der Architekt erstellt den Bauplan unter Berücksichtigung der energetischen Gesichtspunkte, z. B. durch die Ausrichtung des Gebäudes zur optimalen Ausnutzung von Sonnenenergie.
- Kommunikation mit Stakeholdern: Der Projektmanager stellt sicher, dass alle Investoren und zukünftigen Bewohner regelmäßig über den Fortschritt und die Einhaltung der ökologischen Standards informiert werden.
- Zeitplanung: Da umweltfreundliche Bauweisen oft spezielle Anforderungen an den Zeitplan stellen, wird ein detaillierter Projektzeitplan entwickelt, der alle Phasen des Baus und die benötigten Ressourcen umfasst.

Es ist wichtig zu beachten, dass nicht alle Intentionen zu Aktionen führen. Voraussetzung ist, dass das Team funktioniert (siehe hierzu Abschnitt 2.2) und eine entsprechende Projektkultur (siehe Abschnitt 2.3) vorhanden ist.

2.1.3 Produktionssystem

Die Übertragung der Lean-Grundprinzipien aus Abschnitt 2.1 auf Projekte lässt sich wie folgt zusammenfassen:

- Wir agieren in einem Kundensystem – es gibt üblicherweise einen Auftraggeber, jedoch viele Kunden. Dies bedeutet, dass jeder Projektbeteiligte einen Bedarf hat und auf „Zuarbeit" von anderen Projektbeteiligten angewiesen ist. So ist der Rohbauunternehmer Kunde des Tragwerksplaners, da der Tragwerksplaner Pläne an den Rohbauunternehmer liefert, mit denen er beispielsweise eine Bodenplatte erstellt.
- Wir versuchen, Prozesse systemisch abzubilden und Prozesse, die nicht wertschöpfend oder nicht notwendig sind, zu eliminieren bzw. zu reduzieren.

- Wir versuchen, eine Verstetigung der Prozesse zu erreichen, und erfassen kontinuierlich Verbesserungen. Das heißt: Lessons-learned-Erkenntnisse werden nicht erst am Ende des Projekts, sondern kontinuierlich erfasst und verarbeitet.
- Wir entwickeln ein gemeinsames Verständnis für den Prozess und sorgen für Transparenz.

Der einfachste Weg, um ein gemeinsames Verständnis herzustellen, ist es, Komplexität zu reduzieren. Schon Albert Einstein erkannte: „Probleme kann man nicht mit derselben Denkweise lösen, mit der sie entstanden sind.“

In Projekten ist es daher ratsam, neben den komplexen Instrumenten des klassischen Projektmanagements einfache Methoden und Instrumente für die Planung und Umsetzung von Maßnahmen anzuwenden. Wie kann nun ein Produktionssystem für Bauprojekte aussehen? Im Detail hierauf einzugehen, sprengt dieses Praxisbuch. Wir wollen uns daher auf die wesentlichen Elemente eines solchen Produktionssystems beschränken.

Bau- und Anlagenbauprojekte sind geprägt von einer Vielzahl einwirkender Einflüsse:

- baubegleitende Planungsänderungen,
- veränderte gesetzliche Rahmenbedingungen, insbesondere bei sehr lang laufenden Projekten,
- eine große Anzahl an Projektbeteiligten und damit an Meinungsvertretern.

In diesem volatilen Umfeld ist es unerlässlich, einen flexiblen und reaktionsfähigen Ansatz für die Projektabwicklung zu finden. In der Praxis empfiehlt es sich daher, einen agilen Ansatz zur Bewältigung der Produktion anzuwenden, da dieser Ansatz eine flexible und iterative Vorgehensweise ermöglicht, die sich besonders gut für Projekte eignet, bei denen sich die Anforderungen ändern können oder Unvorhersehbarkeiten zu erwarten sind. **Agile Methoden** wie Scrum bieten eine flexible und iterative Vorgehensweise. Sie teilen das Projekt in kleinere, handhabbare Einheiten auf, bekannt als Sprints, und verwenden Sprintreviews für die kontinuierliche Überprüfung und Anpassung. In 4–6-Wochen-Sprints (= 4–6-Wochen-Vorschau) werden ausgewählte Arbeitspakete bearbeitet. Diese Arbeitspakete werden vorab im Team ausgewählt und priorisiert. Die Sprintreviews (= Produktionsbesprechung) dienen als regelmäßige Meetings der Überprüfung des Sprints und der Planung der nächsten Schritte. Sie sind entscheidend für die ständige Anpassung an neue oder unvorhergesehene Herausforderungen.

Welche Themen sollte das Produktionssystem bearbeiten?

- Projektlogik, -strategie und -lieferprozess (definiert durch agile Methoden, unter Berücksichtigung der Last-Planner-Prinzipien für die Umsetzung),
- Schnittstellen und Phasenplanung,
- kurzzyklische Sprints und Reflektionen.

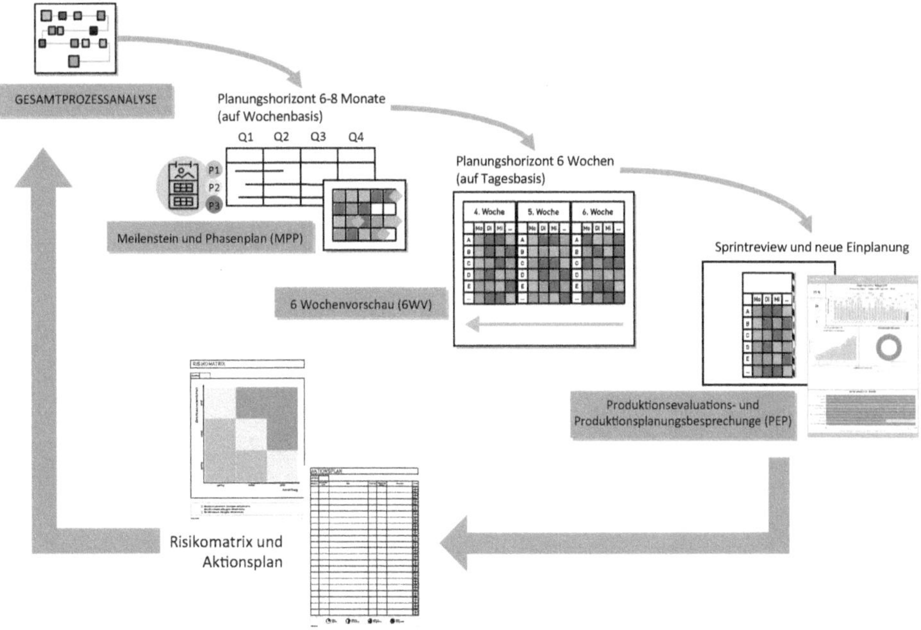

Bild 2.6 Agiler Ansatz (Quelle: Refine Projects AG, 2016)

Alle drei Elemente des Produktionssystems werden im Rahmen eines gemeinschaftlichen Abstimmungsprozesses „Schulter an Schulter“ aufgesetzt. Die Vorgehensweise „Schulter an Schulter“ bezieht sich auf eine intensive kollaborative Arbeitsweise, bei der die Teammitglieder in engem Kontakt zueinander stehen, sowohl physisch als auch metaphorisch, also auch in Bezug auf Kommunikation, Vertrauen und gemeinsame Ziele. In Projekten, die sowohl agile Methoden als auch das Last Planner System (LPS, siehe Abschnitt 3.3.2) verwenden, wird dies besonders wichtig. In einem „Schulter an Schulter“-Arbeitsumfeld teilen alle Teammitglieder Informationen offen, unterstützen sich gegenseitig und arbeiten gemeinsam an Problemlösungen. Diese Art der Zusammenarbeit fördert ein Klima der psychologischen Sicherheit, in dem sich alle wohler dabei fühlen, Risiken einzugehen, innovativ zu sein und Feedback zu geben oder anzunehmen. So wird eine effektive und effiziente Arbeitsweise ermöglicht, die besonders in komplexen Projekten mit vielen Unbekannten und Unsicherheiten, wie sie oft bei agilen Methoden und dem LPS vorkommen, von Vorteil ist.

Umgesetzt wird der Ansatz mit dem **Last Planner System**. Es fördert die Zuverlässigkeit der Planung durch enge Abstimmung innerhalb des Teams und sorgt für eine realistischere und zuverlässigere Planung.

Im LPS werden Wochenarbeitspläne erstellt, die sich gut in die 4–6-Wochen-Sprints der agilen Methodik integrieren lassen. Durch die Verwendung von visuellem Management, z. B. mit Whiteboards oder Braunpapier, fördert LPS die Transparenz und erleichtert die Kommunikation innerhalb des Teams.

Die Kombination von agilen Ansätzen und dem LPS kann zu einer noch höheren Effizienz und Flexibilität führen. Während Agile das „Warum“ und „Was“ beantwortet, fügt LPS das „Wie“ und „Wann“ hinzu. Die Schnittstelle zwischen den beiden bildet ein komplementäres Produktionssystem. Das LPS bringt seine Stärken ein, indem es präzise die Abhängigkeiten und Zeitpläne zwischen den verschiedenen Projektabschnitten klärt. Damit werden Schnittstellen erkannt und eine Phasenplanung, d. h. eine Einplanung von Prozessen über ein grobes Zeitraster, ermöglicht.

Die Sprintreviews der agilen Methodik und die Wochenplanung im LPS sorgen für ständige Reflektion und Anpassung und somit für eine kurzzyklische Überprüfung der abgestimmten bzw. eingeplanten Vorgaben (Terminzusagen, Meilensteine etc.).

Auf die Elemente, d. h. Planungsergebnisse, Tools und Methoden, die das Produktionssystem beinhalten sollte, gehe ich im Abschnitt 3.3.2 ein.

2.2 Team

High-Performance-Projekte benötigen High-Performance-Teams. High-Performance-Projekte sind per Definition sehr anspruchsvoll, sowohl in Bezug auf die Komplexität der Aufgaben als auch auf die Erwartungen an die Ergebnisse. Sie erfordern Teams, die – individuell wie auch kollektiv – auf höchstem Niveau arbeiten können.

High-Performance-Teams entstehen nicht einfach zufällig, sondern erfordern Investition in Form von Führung und Coaching, um die richtigen Bedingungen für hohe Leistungen zu schaffen, einschließlich der Förderung einer positiven Teamkultur und der Bereitstellung der notwendigen Ressourcen und Unterstützung.

2.2.1 Rollen, Verantwortungen, Kompetenzen und Aufgaben

Rollen, Verantwortungen, Kompetenzen und Aufgaben sind Schlüsselkomponenten für das Funktionieren jedes Projektteams. Friedemann Schulz von Thun hat in seinem Standardwerk zur Kommunikation (von Thun u. a. 2003) die Bedeutung der Soziologie der Rollen unterstrichen. Ein klares Rollenverständnis ist das A und O gelungener Kommunikation. Wie wir kommunizieren, hängt sehr stark davon ab, was für ein Verständnis wir für Rollen, Verantwortungen, Kompetenzen und Aufgaben als Team und als einzelnes Teammitglied haben.

Klarheit über Rollen, Verantwortungen, Kompetenzen und Aufgaben ist ein kritischer Aspekt der kollaborativen Projektabwicklung, da hierdurch sichergestellt wird, dass alle Teammitglieder verstehen, was von ihnen erwartet wird und wie sie zum Gesamtziel des Projekts beitragen können.

- Rollen: In einem Projektteam wird jeder Person eine bestimmte Rolle zugewiesen, die ihre Position und Funktion innerhalb des Teams bestimmt. Beispielsweise könnte jemand die Rolle des BIM-Koordinators übernehmen.

- Verantwortungen: Jede Rolle bringt bestimmte Verantwortungen mit sich, die klar definiert und verstanden werden müssen. Ein Projektmanager könnte beispielsweise für die Projektaufbau- und Ablauforganisation verantwortlich sein, während ein Bauleiter für die Qualitätssicherung der Bauausführung verantwortlich wäre.
- Kompetenzen: Kompetenzen beziehen sich auf die Fähigkeiten und Fertigkeiten, die für die Ausführung der Aufgaben in einer bestimmten Rolle erforderlich sind. Zum Beispiel benötigt ein Projektmanager Führungs- und Organisationskompetenzen.
- Aufgaben: Dies sind die spezifischen Aktivitäten oder Arbeitsschritte, die von jeder Rolle ausgeführt werden müssen, um ihre Verantwortungen zu erfüllen. Ein Projektmanager könnte beispielsweise die Aufgabe haben, ein Projekthandbuch zu erstellen. Hierfür benötigt er Organisationskompetenzen.

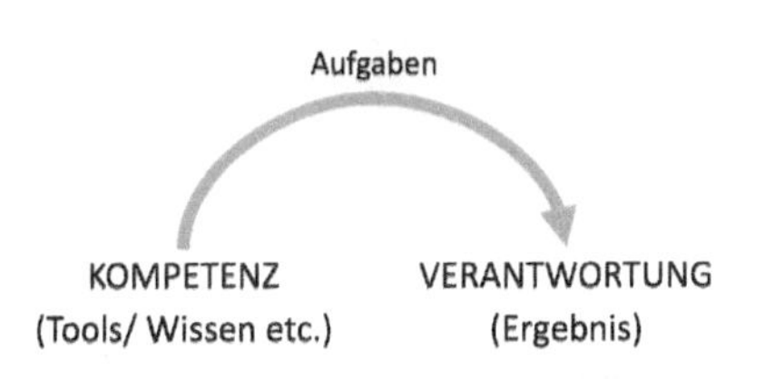

Bild 2.7 Aufgaben, Kompetenzen und Verantwortungen

Den Projektleitern bzw. den Führungspersonen, wie z. B. Bauleitern und Vorarbeitern, kommt eine besondere Bedeutung zu (siehe Bild 2.8). Sie setzen die Leitplanken, um eine Kultur der Exzellenz im Projekt zu fördern. Dies motiviert Teammitglieder, ihre besten Leistungen zu erbringen und gemeinsame Ziele zu erreichen. Folgende Aufgaben sollten Führungspersonen wahrnehmen:

- **Inspiration und Motivation:** Die Führungspersonen bzw. der Projektleiter inspirieren und motivieren ihre Teams, hervorragende Leistungen zu erbringen. Sie erkennen die Erfolge an und unterstützen die kontinuierliche Lern- und Verbesserungsbemühungen ihrer Teammitglieder.
- **Förderung von Werten:** Die Führungspersonen bzw. der Projektleiter sollte die Werte einer Projektorganisation definieren und fördern. Diese gelten für gemeinsame Besprechungen genauso wie für die Kommunikation und den Umgang miteinander.
- **Aufgabenmanagement:** Die Führungspersonen bzw. der Projektleiter sorgen dafür, dass die Aufgaben klar definiert, angemessen verteilt und effektiv ausgeführt („get shit done") werden.
- **Förderung der Teamkommunikation:** Exzellente Kommunikation ist entscheidend für den Erfolg eines Teams. Die Führungspersonen bzw. der Projektleiter fördern offene, ehrliche und konstruktive Kommunikation. Sie sorgen dafür, dass Informationen klar und zeitnah geteilt werden und jedes Teammitglied die Möglichkeit hat, seine Meinung einzubringen.

Bauteams stehen bezüglich ihrer Bauprozesse vor einigen Herausforderungen und müssen dabei hochfunktionale Teamprozesse aufbauen! Hierfür braucht es Leader, die motivieren, ihr Team fordern und fördern.

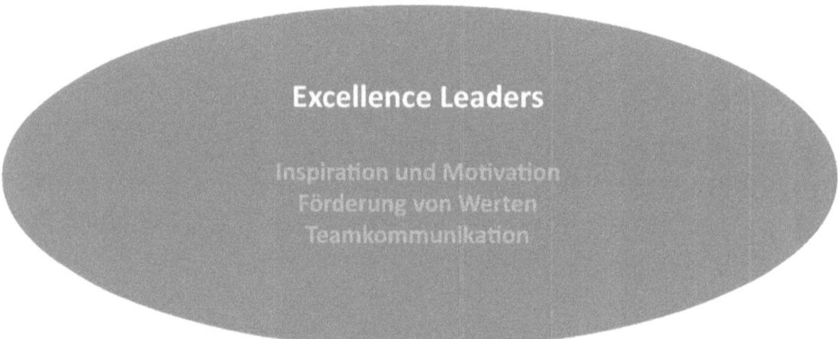

Bild 2.8 Excellence Leaders und ihre Aufgaben im Projektteam (Quelle: Kloppe 2023)

2.2.2 Kommunikation

Projektteams in Bauprojekten sind oft sehr groß. Wenn wir als Team erfolgreich sein wollen, sollten wir den Anspruch haben, eine enge Beziehung untereinander aufzubauen. Betrachtet man die Zahl der Beteiligten in Projekten, dann kommt man laut der nachfolgenden Formel (Project Management Institute 2021) zur Erkenntnis, dass die Anzahl der Kommunikationskanäle exorbitant ansteigt und die Komplexität des (Kommunikations-)Systems entsprechend zunimmt. Hinzu kommt, dass die Zahl der Kommunikationsmittel und -wege anwächst.

$$K = \frac{N \times (N-1)}{2}$$

K = Kommunikationskanäle, N = Anzahl der Teilnehmer

Um effizient miteinander arbeiten zu können, müssen wir uns Gedanken machen, wie wir das Team organisieren und die Beziehungen untereinander fördern. Hier kommt es darauf an, nicht die Anzahl an Linien zu vergrößern, sondern die Beziehungen und das Teamgefühl zu stärken.

Wenn wir das Gebilde stabilisieren wollen, müssen wir in die Beziehungen investieren und die Kommunikation untereinander stärken. Zu beachten hierbei sind zwei Dinge:

1. Komplexität lösen wir nicht mit komplexen Mitteln, sondern mit einfachen Ansätzen, die jedes Teammitglied versteht und sofort anwenden kann:
   - klare und einfache Sprache verwenden,

- visuelle Hilfsmittel einsetzen,
- nonverbale Kommunikation: Körpersprache, Mimik und Augenkontakt.

Dabei spielt die Aufnahmefähigkeit des Menschen eine wichtige Rolle, denn sie ist begrenzt. Wir müssen verstehen, dass der Mensch sich nur maximal drei Informationen zu einem Vorgang problemlos merken kann. Diese Tatsache greift die sogenannte „Rule of Three“-Technik (3er-Regel) auf.

Informationen, die in Dreiergruppen präsentiert werden, sind besonders einprägsam und überzeugend. Informationen, die in diesem Dreiklang präsentiert werden, sind oft einfacher zu verarbeiten. Dadurch wird dieser Ansatz zu einem starken Werkzeug in der Kommunikation und Diskussion während der Projektarbeit. Übrigens kennen Sie dieses Phänomen aus Ihrem Alltag, etwa durch Redewendungen wie „Morgens, mittags, abends“ oder „Veni, vidi, vici“.

Nutzen Sie die Macht der Einfachheit und adressieren Sie Themen und Sachverhalte vielfältig, aber fokussiert. Halten Sie dabei das Interesse hoch, gleichzeitig sollte die Darstellung aber nicht so komplex sein, dass Ihnen Ihre Zuhörer nur mit Anstrengung folgen können. Dies macht die 3er-Regel zu einem effektiven Werkzeug in einer Vielzahl von Kontexten, von öffentlichen Reden und Präsentationen bis hin zu Produktmarketing und Branding.

2. Der Faktor Mensch spielt auch hier eine große Rolle. Denn der Weg von einer anfänglichen Intention zur endgültigen Umsetzung scheitert oft an der Komplexität und den Schwierigkeiten menschlicher Interaktion. Klare Kommunikation ist eminent wichtig, um ein gemeinsames Verständnis und einen gemeinsamen Willen zur Umsetzung von Zielen und die Etablierung von Verbesserung zu schaffen. Das folgende Schema verdeutlicht die Vielzahl der Hürden, die es dabei zu überwinden gilt.

Gedacht	ist noch nicht	gesagt.
Gesagt	ist noch nicht	gehört.
Gehört	ist noch nicht	verstanden.
Verstanden	ist noch nicht	einverstanden.
Einverstanden	ist noch nicht	umgesetzt.
Umgesetzt	ist noch nicht	beibehalten.
Beibehalten	ist noch nicht	verbessert.

Nachfolgende Ansätze können die Kommunikation verbessern. Es ist wichtig zu beachten, dass effektive Kommunikation ein fortlaufender Prozess ist, der ständige Anstrengungen und Verbesserungen erfordert.

- Aktives Zuhören fördern, Feedback geben und empfangen: Aktives Zuhören ist mehr als nur das Hören von Worten – es ist ein intensiver Prozess, der Konzentration, Verständnis, Antwort und Erinnerung beinhaltet. In einem Projektteam stellt aktives Zuhören sicher, dass alle Teammitglieder ein klares Verständnis für ihre Rollen, Aufgaben und Ziele haben. Feedback ist ein wesentliches Element jeder erfolgreichen Zusammenarbeit. Es bietet den Teammitgliedern die Möglichkeit, ihre Leistung kontinuierlich zu verbessern und zu gewährleistet, dass das Team als Ganzes effizient arbeitet. Eine Anleitung für gutes Feedback finden Sie in Abschnitt 3.3.5.
- Überprüfung und Bestätigung: Stellen Sie sicher, dass Ihre Botschaft verstanden wurde, indem Sie den Empfänger bitten, die Informationen in seinen eigenen Worten zu wiederholen. Dadurch wird sichergestellt, dass der Empfänger die Informationen nicht nur gehört, sondern auch verstanden hat. Insbesondere in komplexen Projekten können Missverständnisse zu Verzögerungen und erhöhten Kosten führen. Des Weiteren macht diese Methode deutlich, wer für welchen Aspekt eines Sachverhalts oder einer Aufgabe verantwortlich ist.

2.2.3 Moderation als Kollaborationstreiber

Moderation von Projektbesprechungen spielt eine entscheidende Rolle bei der Förderung der Zusammenarbeit in Bauprojekten. Durch die Einbeziehung verschiedener Projektbeteiligter und Interessengruppen und die Gewährleistung einer offenen und effektiven Kommunikation kann ein Moderator dazu beitragen, ein kollaboratives Umfeld zu schaffen, in dem die Projektziele effektiv erreicht werden können. Bei der Frage, wer die Rolle des Moderators übernehmen soll, ist wichtig zu wissen, dass der Moderator in seinen Handlungen und in seiner Verantwortung absolute Neutralität gegenüber allen Projektbeteiligten wahren sollte. Die Neutralität des Moderators ist entscheidend für die Erschließung aller Vorteile der Moderation. Ein neutraler Moderator wird weniger wahrscheinlich Partei ergreifen oder eigene Interessen in die Diskussion einbringen, was eine gerechtere und inklusivere Umgebung für alle Beteiligten schafft. Die Neutralität hilft auch dabei, die Offenheit und den Willen zur Zusammenarbeit unter den Teammitgliedern zu fördern. Insofern ist zu empfehlen, den Moderator nicht mit einer Person aus dem direkten Projektteam zu besetzen. Es ist sinnvoller, den Moderator durch eine externe Stelle zu besetzen oder ein Teammitglied eines anderen Projektteams mit dieser Rolle zu beauftragen.

Die Rolle des Moderators übernimmt idealerweise eine Person, die keine sonstige Rolle im Projekt hat, da es sonst zu Interessenkonflikten kommen kann. Beispielsweise kann die Rolle des Moderators durch einen externen Coach oder durch jemanden aus einem anderen Projekt übernommen werden (Projektleiter, Projektingenieur etc.).

Vertrauen und eine emotionale Bindung im Team können zu besseren Projektergebnissen führen. Wenn Teammitglieder sich gegenseitig und dem Moderator vertrauen, sind sie eher bereit, Risiken einzugehen, innovative Ideen vorzuschlagen und zusätzliche Anstrengungen zu unternehmen, um die Projektziele zu erreichen. Wenn der Moderator in Besprechungen die Herzen der Projektteammitglieder gewonnen hat, braucht er sich um deren Köpfe nicht zu sorgen.

Es ist jedoch wichtig, zu betonen, dass das Gewinnen der „Herzen“ nicht ausschließt, dass man sich auch um die „Köpfe“ kümmern sollte. In der Praxis bedeutet dies, dass ein guter Moderator sowohl auf der emotionalen als auch auf der kognitiven Ebene agieren sollte.

Ein effektiver Moderator in Bauprojektbesprechungen ist nicht nur ein Organisator und Vermittler, sondern auch ein Katalysator für Zusammenarbeit und Innovation. Indem er ein Umfeld schafft, in dem sich alle Teammitglieder wertgeschätzt und engagiert fühlen, fördert er auch die Generierung von Ideen und die effektive Problemlösung. So wird der Moderator zu einem entscheidenden Faktor für den Projekterfolg.

Nachfolgende Tipps sollte ein guter Moderator beherzigen, um dem Projektteam gute Impulse zu vermitteln:

- **Projektverständnis:** Ein tieferes Verständnis des Projekts, seiner Ziele und Herausforderungen hilft, effektiver zu moderieren. Machen Sie sich mit den technischen Aspekten des Projekts, dem Projektumfang, den Erwartungen der Stakeholder und den Rollen und Verantwortlichkeiten innerhalb des Teams vertraut.
- **Aufbau von Beziehungen:** Bauen Sie positive Beziehungen zu allen Teammitgliedern und Stakeholdern auf. Dies kann dazu beitragen, Vertrauen und Respekt zu schaffen, was zu einer effektiveren Zusammenarbeit führt.
- **Neutralität:** Bleiben Sie neutral und fördern Sie eine offene und ehrliche Kommunikation. Die Neutralität des Moderators sorgt dafür, dass das Meeting oder die Diskussion auf die Erreichung der gesetzten Ziele fokussiert bleibt, und trägt dazu bei, eine Umgebung zu schaffen, in der alle Teilnehmerinnen und Teilnehmer gleichermaßen gehört und respektiert werden. Neutralität ist unentbehrlich bei Konfliktlösungen und für die Vertrauensbildung.
- **Führung durch Beispiel:** Als Moderator sind Sie oft eine Führungsperson im Team. Führen Sie durch Beispiel und demonstrieren Sie die Werte und Verhaltensweisen, die Sie im Team sehen möchten.
- **Seien Sie inklusiv:** Stellen Sie sicher, dass jede Stimme gehört wird. Beziehen Sie alle Funktionen und Rollen ein und schaffen Sie eine Atmosphäre, in der sich die Menschen sicher fühlen, ihre Meinung zu äußern.
- **Wertschätzung zeigen**: Anerkennen Sie die Arbeit und Beiträge Ihres Teams. Anerkennung ist eines der besten Mittel, um das Engagement und die Moral des Teams zu erhöhen.

„Der Mann, der eine Frage stellt, ist ein Narr für eine Minute, der Mann, der keine Frage stellt, ist ein Narr fürs Leben."

Konfuzius

„Führen durch Fragen" (oder „Leading with questions") ist ein effektiver Führungsstil, der besonders in kollaborativen und teamorientierten Arbeitsumgebungen geschätzt wird. In Produktionsbesprechungen kommt hier dem Moderator eine wichtige Rolle zu. Anstatt Anweisungen zu geben oder Lösungen vorzuschreiben, stellt er Fragen, um Denkprozesse zu stimulieren, das Verständnis zu vertiefen und das Engagement und die Eigenverantwortung des Teams zu fördern.

Hier sind einige Gründe, warum „Führen durch Fragen" so effektiv ist:

- Fördert das Engagement und die Eigenverantwortung: Wenn Menschen aufgefordert werden, über Fragen nachzudenken und Lösungen zu finden, fühlen sie sich in den Prozess einbezogen und verantwortlich für das Ergebnis.
- Fördert das kritische Denken und die Problemlösung: Gute Fragen können dazu beitragen, tiefere Ebenen des Denkens zu erreichen und neue Perspektiven oder Lösungen zu entdecken, die sonst übersehen worden wären.
- Ermöglicht Lernen und Entwicklung: Fragen fördern das Lernen auf individueller und teamorientierter Ebene. Sie können dazu beitragen, Fähigkeiten zu entwickeln, Wissen zu erweitern und das Verständnis für komplexe Themen zu vertiefen.
- Baut Vertrauen und Respekt auf: Wenn Leader Fragen stellen, statt Anweisungen zu geben, zeigt das den Teammitgliedern, dass ihre Meinungen und Ideen geschätzt werden. Dies kann Vertrauen und Respekt innerhalb des Teams aufbauen.

Beispielfragen für typische Situationen in Bauprojekten könnten sein:

- **Im Kick-off:** Anstatt das Team einfach über das Projekt und seine Ziele zu informieren, könnte der Projektleiter Fragen stellen wie „Wie können wir dieses Projekt erfolgreich machen?" oder „Welche Herausforderungen erwarten Sie bei diesem Projekt und wie können wir diese bewältigen?".
- **Bei der Lösung von Problemen:** „Was könnten die Ursachen für dieses Problem sein?" oder „Welche Lösungsvorschläge haben Sie?" – diese Art von Fragen fördert das kritische Denken und ermöglicht es dem Team, aktiv an der Problemlösung mitzuwirken.
- **Bei Konflikten oder technischen Problemen:** „Was denkst du über diese Herausforderung?", „Was haben wir aus dieser Situation gelernt?"
- **Bei Ablaufplanungen:** „Was würden wir tun, wenn wir keine Einschränkungen hätten?"

Es ist wichtig zu beachten, dass „Führen durch Fragen" eine Fähigkeit ist, die entwickelt und verfeinert werden muss. Das Ziel sollte sein, die richtigen Fragen zur richtigen Zeit zu stellen und dann aktiv zuzuhören und angemessen auf die Antworten zu reagieren. Die Essenz einer großartigen Moderation ist der Einfluss, nicht die Autorität.

2.2.4 Besprechungen

Projektbesprechungen gehören zu den wichtigsten Interaktionen in Projekten:

- Sie sind Katalysatoren für Problemerkennung, Lösungsfindung und soziale Interaktion.
- Sie binden in der Regel viele Ressourcen.
- Hier entstehen Momente, die im Gedächtnis des Teams bleiben – das Team hat es in der Hand, ob die Momente positiver oder negativer Natur sind.
- Sie sind eine Art „Druckbetankung" für Informationen, Emotionen und Interaktionen.

Besprechungen sollten sowohl effektiv als auch effizient gestaltet werden. Effektivität bedeutet, dass die Maßnahmen, die ergriffen werden, darauf ausgerichtet sind, die richtigen Ziele zu erreichen. Mit anderen Worten: Man arbeitet effektiv, wenn man die richtigen Dinge tut, um das angestrebte Ziel zu erreichen. Effizienz hingegen bedeutet, dass diese Ziele mit möglichst geringem Aufwand erreicht werden. Das heißt, die Handlungen sind effizient, wenn das gewünschte Ergebnis mit minimalem Ressourceneinsatz erzielt wird. Auf Tipps und Anleitungen, wie eine Besprechung effektiv und effizient durchgeführt wird, gehe ich in Abschnitt 3.3.3 ein.

Der erste Eindruck ist entscheidend, der letzte bleibt. Besprechungen sollten professionell geführt werden, hierzu ist es – wie im vorherigen Kapitel beschrieben – von Vorteil, wenn ein Moderator die Rolle des Kollaborationstreibers einnimmt und Neutralität wahrt.

Elon Musk, Gründer und CEO von Tesla, hat beispielsweise für Besprechungen Tipps an sein Team kommuniziert, die helfen sollen, effizientere und effektivere Besprechungen durchzuführen (siehe Bild 2.9).

Um eine gute Besprechungskultur zu etablieren, braucht es nicht nur klare Regeln, sondern auch eine gute Disziplin. Disziplin ist wie ein Muskel (Kloppe 2023):

- Die richtige Belastung des Disziplin-Muskels führt zu Wachstum und Stärke.
- Eine Unterforderung führt zum Verlust der Muskelkraft.
- Eine Überforderung führt zu Muskelkater und damit zu Leistungsminderung.
- Die Energiewährung für den Disziplinmuskel nennt man Willenskraft.

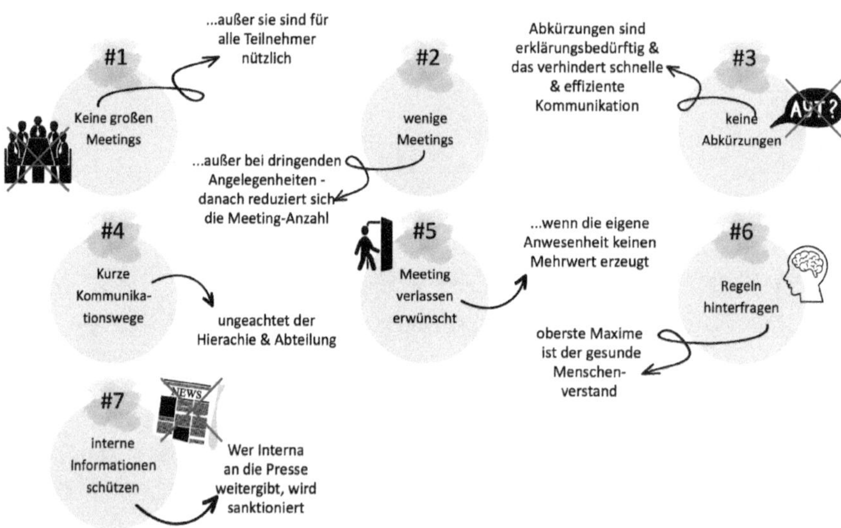

Bild 2.9 Teslas Meetingregeln

2.2.5 Konfliktmanagement

In Bau- oder Anlagenbauprojekten begegnen wir immer wieder Konflikten – seien es Zielkonflikte, Ressourcenkonflikte oder zwischenmenschliche Konflikte. Konfliktmanagement ist ein wichtiger Aspekt jedes Projekts, insbesondere in komplexen Bereichen wie dem Anlagenbau.

Welche Art von Konflikten gibt es?

- Interessenkonflikte: Diese Konflikte entstehen, wenn unterschiedliche Wünsche und Bedürfnisse aufeinanderprallen. Auf der Baustelle entstehen solche Kollisionen häufig durch mangelnde Abstimmung. Beispielweise führt der Bodenleger seine Leistung aus und nachfolgende Gewerke beschädigen die Leistung, weil sie ihre Anlagen (z. B. die Lüftung) noch in Betrieb nehmen müssen. Der Lüftungsbauer hat Zeitdruck und muss in den Raum, legt aber keine schützende Folie aus, und der Bodenleger hat das Interesse, seinen Bodenbelag nicht reinigen zu müssen.
- Beziehungskonflikte: Persönliche Aspekte stehen im Vordergrund. Es „menschelt" zwischen den Beteiligten.
- Kommunikationskonflikte: Kommunikationskonflikte entstehen oft durch Missverständnisse, die auf unpräzise oder unklare Ausdrucksweisen zurückzuführen sind. Mimik und Gestik können ebenfalls zu Fehlinterpretationen führen. Ein typisches Beispiel wäre die Verwendung vager Formulierungen wie „Man müsste mal dafür sorgen, dass die Bautüren geschlossen bleiben, um Winterbaumaßnahmen

zu reduzieren." In diesem Fall ist unklar, wer mit „man" gemeint ist, was zu Verwirrung und möglichen Konflikten führen kann.

- Rollenkonflikte: Besonders in komplexen Bauprojekten können unterschiedliche Ziele und Erwartungen aufgrund unklar definierter Aufgaben, Kompetenzen und Verantwortungen zu Konflikten führen. Ein alltägliches Beispiel könnte die Aktualisierung der Türliste sein. Wenn nicht explizit geklärt ist, wer für die Aktualisierung und Verbreitung der neuesten Türliste zuständig ist, kann dies zu Unklarheiten und letztlich zu Konflikten führen. Ein Teammitglied könnte annehmen, dass diese Aufgabe in den Aufgabenbereich eines anderen Planers fällt, während der betroffene Planer davon ausgeht, dass das Teammitglied sich darum kümmert. Das Ergebnis ist, dass niemand die Liste aktualisiert, oder schlimmer noch, es könnten mehrere veraltete oder widersprüchliche Versionen der Liste im Umlauf sein.
- Wertekonflikte: Wertekonflikte können in Bauprojekten entstehen, wenn die Beteiligten unterschiedliche Arbeitsauffassungen und Prioritäten haben. Ein gutes Beispiel dafür wäre ein Konflikt zwischen einem Projektleiter und einem Bauleiter. Der Projektleiter setzt Schnelligkeit als oberste Priorität. Er möchte, dass das Projekt so schnell wie möglich fertig wird. Dafür erwartet er von seinem Team lange Arbeitsstunden und Einsatz an den Wochenenden.

  Im Gegensatz dazu legt der Bauleiter den Fokus auf Sicherheit und Qualität. Er hält es für unverantwortlich, die Sicherheitsstandards zu vernachlässigen oder die Qualität der Arbeit zu kompromittieren, nur um den Zeitplan einzuhalten.

  Die beiden stehen also in einem Wertekonflikt zueinander. Der Projektleiter hat das Ziel, den Zeitplan einzuhalten, während der Bauleiter die Qualität und Sicherheit des Projekts als Priorität ansieht. Diese unterschiedlichen Auffassungen können zu Spannungen im Team und zu Problemen im Projektverlauf führen.
- Zielkonflikte: Ein Zielkonflikt ist oftmals eine Folge eines Interessenkonflikts und tritt auf, wenn verschiedene Parteien unterschiedliche Ziele verfolgen, die nicht gleichzeitig erreicht werden können. In Bauprojekten könnte dies beispielsweise der Fall sein, wenn der Bauherr die Fertigstellung des Projekts innerhalb eines sehr kurzen Zeitrahmens anstrebt, während der Architekt mehr Zeit für Planungsvorlauf und Qualitätskontrolle fordert. Hier stehen die Interessen des Bauherrn im Konflikt mit den Zielen des Architekten.

Konfliktphasen nach Glasl

Friedrich Glasl, ein renommierter Experte für Konfliktmanagement und Mediation, hat ein Modell entwickelt, das Konflikte in neun Stufen unterteilt (siehe Bild 2.10) unterteilt, die wiederum in drei Hauptphasen gruppiert werden: die gewinnorientierte Phase, die verlustorientierte Phase und die nicht-orientierte Phase. Bild 2.11 bietet einen kompakten Überblick über diese Phasen.

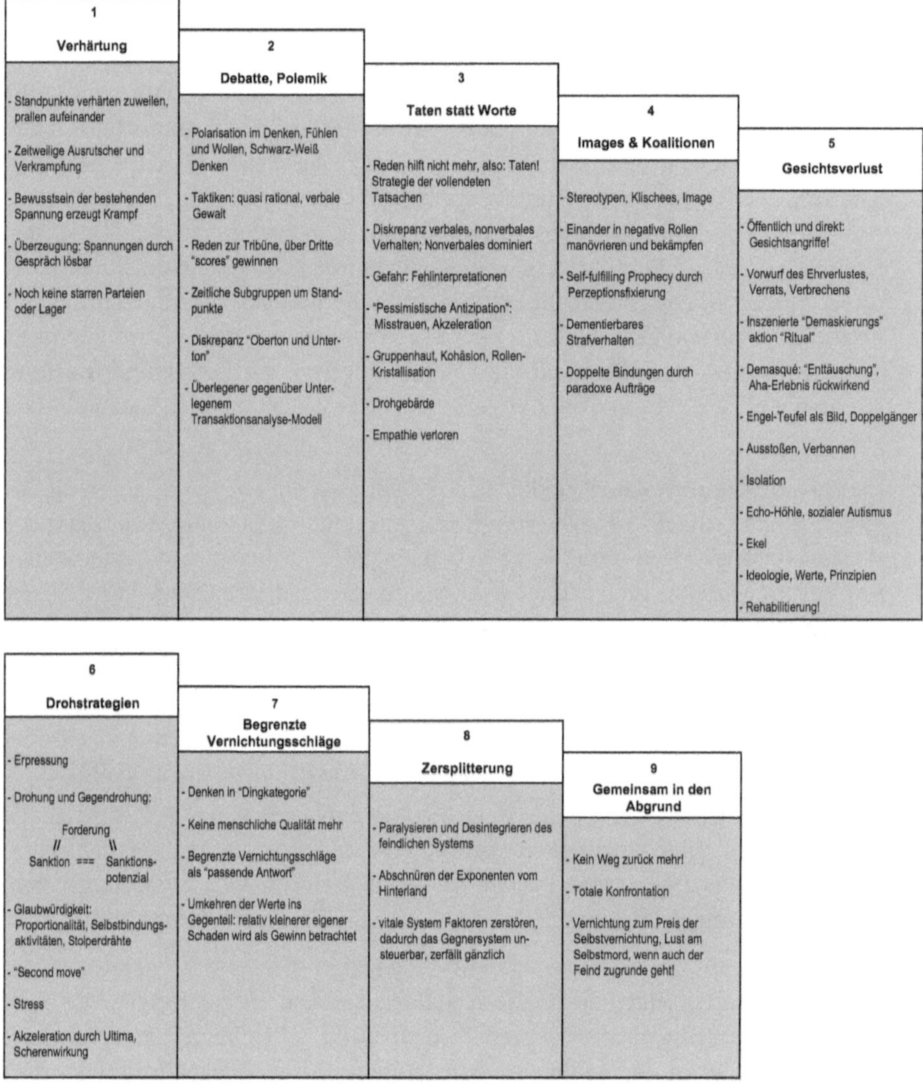

Bild 2.10 Eskalationsstufen nach Glasl (nach Glasl 2013)

Das Konfliktphasenmodell von Glasl ist ein nützliches Instrument, um die Entstehung und Eskalation von Konflikten in Projekten zu verstehen. Dieses Modell hilft dabei, Konflikte in verschiedenen Phasen zu identifizieren und entsprechende Interventionsmöglichkeiten zu finden. Es ist allerdings wichtig, zu betonen, dass Konflikte nicht zwangsläufig alle Phasen durchlaufen müssen.

In kollaborativen Projekten, wo Beziehungs- und Sachebene oft eng miteinander verknüpft sind, ist die klare Trennung dieser beiden Ebenen entscheidend. Nur so können sachliche Meinungsverschiedenheiten konstruktiv behandelt werden, ohne dass die Beziehungsebene negativ beeinflusst wird.

Das Modell kann also für die Projektleitung und das gesamte Team von großem Nutzen sein, indem es hilft, potenzielle Konflikte frühzeitig zu erkennen und geeignete Strategien für ihre Bewältigung zu entwickeln.

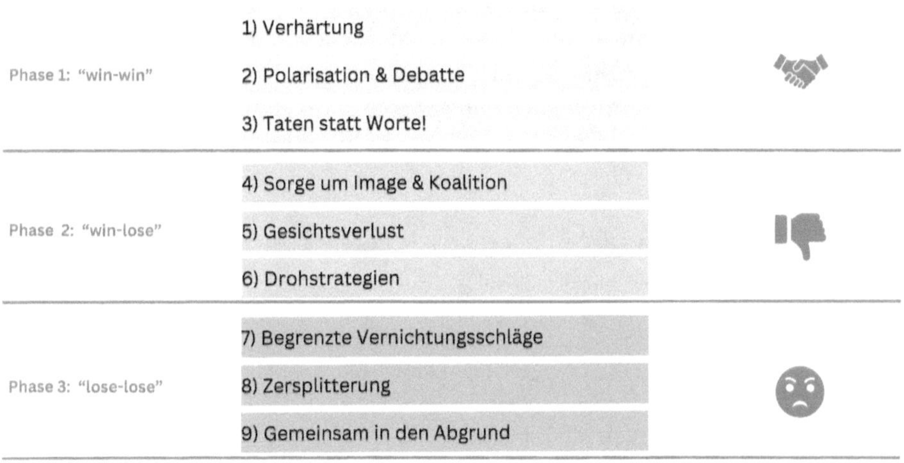

Phase 1: "win-win"	1) Verhärtung 2) Polarisation & Debatte 3) Taten statt Worte!	
Phase 2: "win-lose"	4) Sorge um Image & Koalition 5) Gesichtsverlust 6) Drohstrategien	
Phase 3: "lose-lose"	7) Begrenzte Vernichtungsschläge 8) Zersplitterung 9) Gemeinsam in den Abgrund	

Bild 2.11 Konflikteskalation (nach Glasl 2013)

Insgesamt kann das Verständnis der Konfliktphasen nach Glasl dazu beitragen, dass kollaborative Projekte reibungsloser ablaufen und erfolgreicher sind. Projektteams sollten hierfür die notwendigen Fähigkeiten und Ressourcen zur Verfügung haben, um Konflikte effektiv zu managen. Hier sind einige spezifische Aspekte, wie dieses Modell die kollaborative Projektabwicklung beeinflussen kann:

- Frühzeitige Erkennung von Konflikten: Durch das Verständnis der verschiedenen Konfliktphasen können Projektteams potenzielle Konflikte frühzeitig erkennen, bevor sie eskalieren. Dies ermöglicht es ihnen, proaktiv Maßnahmen zur Konfliktlösung zu ergreifen.
- Angemessene Konfliktlösungsstrategien: Jede Phase des Konflikts erfordert eine andere Art von Intervention. Indem sie verstehen, in welcher Phase sich ein Konflikt befindet, können Projektteams effektivere Konfliktlösungsstrategien entwickeln und umsetzen.
- Förderung der Zusammenarbeit und Kommunikation: Ein Bewusstsein für die Dynamik von Konflikten kann dazu beitragen, ein Umfeld zu schaffen, in dem offene Kommunikation und Zusammenarbeit gefördert werden. Teams können lernen, Meinungsverschiedenheiten konstruktiv zu nutzen und Konflikte als Gelegenheit zur Verbesserung und Innovation zu betrachten statt als Hindernis.

- Verbesserung der Projektperformance: Ein effektives Konfliktmanagement kann dazu beitragen, die Teamleistung zu verbessern, indem es Missverständnisse beseitigt, die Zusammenarbeit verbessert und ein positives Arbeitsklima fördert. Dies hat zur Folge, dass Projekte effizienter und erfolgreicher abgeschlossen werden können.

Aus meiner Erfahrung in der Projektarbeit sind es nicht die Konflikte an sich, sondern eine fehlende Klarheit darüber, was uns das Leben in Projekten so schwer macht. Fehlende Klarheit führt oft zu Missverständnissen und Frustrationen, was die Effizienz und Produktivität eines Projekts beeinträchtigen kann. Es ist entscheidend, dass die Projektleitung und die Teams sich auf eine klare Kommunikation, klare Rollen und Verantwortlichkeiten sowie transparente Prozesse konzentrieren, um Unklarheiten zu vermeiden. Hier sind einige Strategien, die dabei helfen können:

- **Klare Projektziele und -umfang:** Es ist wichtig, von Anfang an klare und eindeutige Projektziele festzulegen. Alle Beteiligten sollten den Umfang des Projekts, die zu erreichenden Ziele und die erwarteten Ergebnisse verstehen.
- **Transparenz bei Entscheidungen:** Die Gründe für Entscheidungen sollten klar kommuniziert werden, um Missverständnisse zu vermeiden. Jedes Teammitglied sollte verstehen, wie Entscheidungen getroffen werden und wie diese das Projekt beeinflussen.
- **Risikomanagement:** Das Identifizieren und Managen von potenziellen Risiken und Unsicherheiten kann dazu beitragen, dass alle Beteiligten wissen, was zu tun ist, wenn Probleme auftreten.
- **Feedback und Überprüfung:** Regelmäßiges Feedback und Projektüberprüfungen können dazu beitragen, Unklarheit zu reduzieren.

Ohne Konflikte weniger Veränderung und Entwicklung

Konflikte sind Chancen, denn sie bieten Möglichkeiten für Veränderungen. Konflikte sind positiv, weil:

- Bewusstsein für die vorhandene Energie im System „Projekt“ vorhanden ist,
- sie persönliches bzw. fachliches Entwicklungspotenzial darstellen,
- sie Ideen hervorbringen können.

Was brauchen wir für eine gute Konfliktlösung?

- **Akzeptanz:** Der erste Schritt zur Konfliktlösung ist die Anerkennung, dass ein Konflikt existiert. Das Ignorieren oder Herunterspielen eines Konflikts verhindert eine nachhaltige Lösung.
- **Offenheit:** Alle Beteiligten müssen gewillt sein, den Konflikt zu lösen. Das setzt Offenheit für unterschiedliche Meinungen und Lösungswege voraus.

- **Verständnis:** Es ist wichtig, die Ursachen des Konflikts zu verstehen. Dabei spielen Bedürfnisse und Werte eine wesentliche Rolle. Diese sollten ermittelt und miteinander abgeglichen werden.
- **Klarheit:** Es ist wichtig, genau zu verstehen, worum es im Konflikt geht. Welche Ereignisse haben dazu geführt? Welche Möglichkeiten zur Konfliktlösung bietet das System?
- **Perspektivwechsel:** Ein Perspektivwechsel (siehe Bild 2.12) ermöglicht es, die Ansichten des anderen zu verstehen, was oft zu einer Versachlichung der Auseinandersetzung beiträgt.
- **Ergebnisoffenheit:** Eine vorgefertigte Meinung über den Ausgang des Konflikts sollte vermieden werden. Nur so kann eine echte Lösung gefunden werden.
- **Growth Mindset:** Eine chancenorientierte Grundhaltung kann dazu beitragen, dass der Konflikt als Gelegenheit für Wachstum und Verbesserung und nicht als Bedrohung gesehen wird.
- **Innere Haltung und Motivation:** Die Einstellung zu dem Konflikt und die Motivation, ihn zu lösen, sind ebenfalls entscheidend. Die Motivation und eine positive Einstellung der Beteiligten erhöhen die Chancen für konstruktive Gespräche und erfolgreiche Lösungen, indem sie Offenheit fördern und Ressourcen für den Lösungsprozess mobilisieren.
- **Selbsterkenntnis:** Eine kritische Selbstreflexion und die Auseinandersetzung mit den eigenen Anteilen am Konflikt sind unerlässlich.
- **Sachliche Gesprächsführung und gewaltfreie Kommunikation:** Hierbei geht es um den respektvollen, konstruktiven und faktenbasierten Austausch zwischen den Konfliktparteien (siehe Bild 2.13). Dies minimiert Missverständnisse, fördert das gegenseitige Verständnis und erleichtert die Identifizierung von tragfähigen Lösungen. In einer Atmosphäre des Respekts und des Vertrauens ist es wahrscheinlicher, dass die Konfliktparteien offen für Kompromisse sind und aktiv an einer Lösung arbeiten.
- **Sachgerechtes Feedback:** Ein professionelles Feedback, das sich auf die Sachebene konzentriert, kann die Konfliktlösung enorm erleichtern (siehe hierzu Abschnitt 3.3.5).

Ein **Perspektivwechsel** (siehe Bild 2.12) trägt dazu bei, Empathie und Verständnis für die Sichtweise der anderen Gewerke bzw. Parteien zu entwickeln. Durch das Verstehen der Beweggründe, Bedenken oder Ängste des Gegenübers kann man besser nachvollziehen, warum bestimmte Positionen eingenommen werden. Dies wiederum ermöglicht eine Versachlichung der Diskussion, da der Fokus von persönlichen Angriffen oder emotional aufgeladenen Argumenten weg und hin zu den eigentlichen Themen der Auseinandersetzung verschoben wird.

Mit einem besseren Verständnis für die Standpunkte aller Beteiligten werden kreative und für beide Seiten akzeptable Lösungen wahrscheinlicher. Außerdem kann durch den Perspektivwechsel die emotionale Aufladung des Konflikts verringert werden, was die Wahrscheinlichkeit für eine erfolgreiche Konfliktlösung erhöht. In vielen Fällen kann dies auch dazu führen, dass die Parteien gemeinsame Interessen oder Ziele erkennen, die zuvor in der Hitze des Gefechts übersehen wurden.

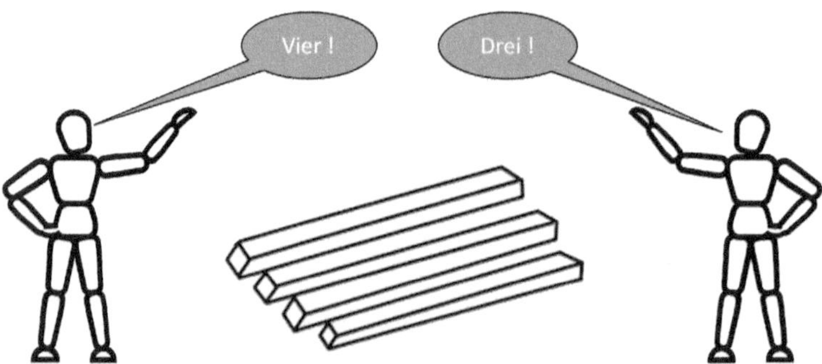

Bild 2.12 Wie sieht die Perspektive des anderen aus?

Die **Gewaltfreie Kommunikation (GfK)**, entwickelt von Marshall B. Rosenberg, ist ein vierstufiges Modell für den konstruktiven Umgang in Konfliktsituationen. In vier Schritten – Fakten klären (Beobachtung), Emotionen teilen (Gefühlsäußerung), Bedürfnisse benennen und Wünsche äußern (Formulierung konkreter Bitten) – ermöglicht GfK die Deeskalation von Konflikten (siehe Bild 2.13). Durch diese Klarheit in der Kommunikation werden Missverständnisse minimiert, Empathie gefördert, und ein konstruktiver Dialog ermöglicht. Dadurch können konflikthafte Situationen nicht nur entschärft, sondern oft auch nachhaltig gelöst werden.

Bild 2.13 Elemente der Gewaltfreien Kommunikation (GfK)

2.2.6 Change

In kollaborativen Projekten muss es uns gelingen, die Perspektiven, Fähigkeiten und Erfahrungen einzelner Projektbeteiligter einzubringen bzw. zusammenzubringen. Insbesondere bei komplexen Projekten oder Projekten im „Krisenmodus“ können Sie es sich nicht leisten, eine „Das haben wir schon immer so gemacht“-Mentalität zuzulassen.

Immer schnellere Zyklen – zurückzuführen auf technische oder politische Entwicklungen, klimatische Veränderungen oder beispielsweise Lieferkettenstrukturen in der Corona-Pandemie – sollten uns vor die Frage stellen, ob wir uns nicht inmitten des Auges eines Orkans befinden, ohne dass wir es merken. Wir Menschen können mit exponentiellen oder kurzzyklischen Veränderungen aber nicht oder nur schwer umgehen.

> *„Die Welt besteht aus Kreisen. Und wir denken in geraden Linien.“*
>
> Peter M. Senge

Dass wir Probleme nicht auf dieselbe Art und Weise lösen können, wie sie entstanden sind, haben wir in Abschnitt 2.1 gesehen. Die Produktivität der Bauindustrie hat sich in der vergangenen 30 Jahren fast nicht verändert, dies belegen verschiedene Untersuchungen (siehe Bild 2.14).

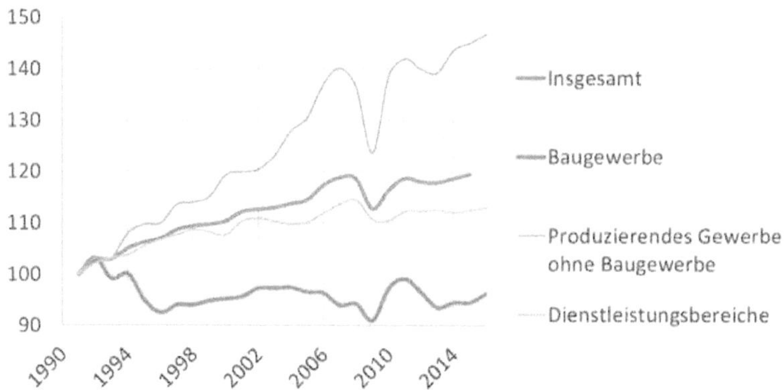

Bild 2.14 Arbeitsproduktivität seit 1991 im Gewerbe (nach Mai/Körne 2016)

Bild 2.15 Vergleich des Innovationstempos in Bau- und IT-Branche

Obwohl die **Bauindustrie** einen großen Beitrag zur Wirtschaft leistet, hat sie im Vergleich zu anderen Industriezweigen eine vergleichsweise niedrige Produktivität. Dafür gibt es mehrere Gründe:

- Fragmentierung und mangelnde Zusammenarbeit: Die Bauindustrie besteht aus vielen verschiedenen Akteuren, darunter Auftraggeber, Architekten, Ingenieure, Bauunternehmer und Handwerker. Oft arbeiten diese Akteure unabhängig voneinander, was zu Kommunikationsproblemen, Verzögerungen und Qualitätsproblemen führen kann. Durch eine verbesserte Zusammenarbeit und Koordination der verschiedenen Parteien können Prozesse rationalisiert und die Produktivität gesteigert werden.
- Veraltete Arbeitsmethoden: Viele Bauunternehmen verwenden immer noch veraltete Arbeitsmethoden und Technologien. Papierbasierte Dokumentation, manuelle Messungen und ineffiziente Bauprozesse führen zu Zeitverschwendung und Fehleranfälligkeit. Durch den Einsatz moderner Technologien wie Building Information Modeling (BIM), automatisierte Robotik, vorgefertigte Komponenten und digitale Kommunikation können Arbeitsabläufe optimiert und die Produktivität verbessert werden.
- Mangel an Ausbildung und Fachkräften: Die Bauindustrie leidet unter einem Mangel an qualifizierten Arbeitskräften. Es ist wichtig, in Ausbildung und Weiterbildung zu investieren, um die Fähigkeiten der Arbeitnehmer zu verbessern und ihre Effizienz zu steigern. Zudem können technologische Lösungen, wie beispielsweise robotergesteuerte Systeme, helfen, bestimmte Aufgaben zu automatisieren und den Fachkräftemangel zu mildern.
- Geringe Investitionen in Forschung und Entwicklung: Im Vergleich zu anderen Industriezweigen werden in der Bauindustrie vergleichsweise wenig Mittel für Forschung und Entwicklung aufgewendet. Durch Investitionen in innovative Technologien, Materialien und Bauprozesse können Effizienzgewinne erzielt und die Produktivität gesteigert werden.

Ein Wandel in der Bauindustrie, der auf eine Steigerung der Produktivität abzielt, erfordert Investitionen in die Förderung von Zusammenarbeit und Koordination, die Weiterbildung der Arbeitskräfte, neue Technologien und die Förderung von Innovationsprozessen.

Das Erreichen eines Wandels in einem laufenden Bauprojekt erfordert eine strategische Herangehensweise und die Bereitschaft aller Beteiligten, den Wandel anzunehmen. Hierzu kann die Analyse der aktuellen Situation dienlich sein. Machen Sie eine gründliche Analyse der aktuellen Situation, um die Bereiche zu identifizieren, in denen Veränderungen notwendig sind. Dies kann durch eine Projektanamnese, erfolgen (siehe hierzu Abschnitt 3.2.4).

Ein weiterer Aspekt ist eine entsprechende Kommunikation der Notwendigkeit des Wandels. Erklären Sie den Projektbeteiligten die Notwendigkeit des Wandels und die Vorteile, die er bringen wird.

2.2.7 High Performance – Formel für Erfolg

„Hochleistungsteams realisieren die Vorzüge von Teamwork im Höchstmaß, sie leisten Außerordentliches und haben außerordentlichen Erfolg."

Peter Pawlowsky und Peter Mistele (2013)

High-Performance-Projekte sind das Ergebnis von High-Performance-Teams. Diese Art von Projekten entsteht durch das koordinierte und effiziente Wirken eines High-Performance-Teams. Es ist daher entscheidend, die Eigenschaften solcher Teams zu verstehen und bewusst Methoden anzuwenden, die deren Formation und Leistungsfähigkeit in der Projektabwicklung fördern.

Die Schlüsselfragen, die sich jedes Mitglied eines High-Performance-Teams stellen sollte, lauten: „Warum arbeiten wir im Team?" und „Warum sind die anderen Teammitglieder für den Projekterfolg wichtig?". Die Antworten auf diese Fragen sollten im Kontext weiterer High-Performance-Aspekte betrachtet werden: Maximale Effizienz, hohe Qualität der Ergebnisse, agile Anpassungsfähigkeit und die Fähigkeit, komplexe Herausforderungen gemeinsam erfolgreich zu meistern. Nur wenn alle Teammitglieder den Wert und den Sinn ihrer Zusammenarbeit in Bezug auf diese High-Performance-Ziele verstehen, können sie auch entsprechend agieren und das Projekt zum Erfolg führen.

Ein High-Performance-Team zeichnet sich durch herausragende Leistung, effektive Zusammenarbeit und die Fähigkeit aus, in dynamischen Umgebungen erfolgreich zu sein. Weitere Merkmale sind:

- Klare Ziele und Vision: Das Team hat eine gemeinsame Vorstellung von den Zielen des Projekts und arbeitet zusammen, um diese Ziele zu erreichen. Es gibt eine klare Vision, die das Team motiviert und auf Kurs hält. Wie Ziele formuliert werden, haben wir in Abschnitt 2.1.1 kennengelernt. Wie eine gemeinsame Vision geschaffen wird, erläutere ich in Abschnitt 3.2.2. In diesem Kontext werde ich ebenfalls die sogenannten Konditionen der Zufriedenheit behandeln.
- Starkes Engagement: Die Mitglieder des Teams sind engagiert und zeigen eine hohe Leidenschaft für ihre Arbeit. Sie sind bereit, zusätzliche Anstrengungen zu unternehmen, um Ergebnisse zu erzielen.
- Klare Kommunikation: Die Kommunikation innerhalb des Teams ist transparent, offen und effektiv. Die Teammitglieder tauschen regelmäßig Informationen aus, teilen ihr Wissen und kommunizieren klar über Erwartungen, Herausforderungen und Fortschritte.
- Vertrauen und Respekt: Es herrscht ein Klima des Vertrauens und Respekts innerhalb des Teams. Die Mitglieder unterstützen einander, verlassen sich aufeinander und respektieren die verschiedenen Fähigkeiten und Perspektiven jedes Einzelnen.

- Effektive Zusammenarbeit: Das Team arbeitet gut zusammen und nutzt die Stärken und Fähigkeiten jedes einzelnen Mitglieds. Es gibt klare Rollen und Verantwortlichkeiten und das Team ergänzt sich gegenseitig, um die bestmöglichen Ergebnisse zu erzielen (siehe hierzu Abschnitt 2.2.1).
- Lösungsorientiertes Denken: Das Team konzentriert sich darauf, Lösungen für Probleme zu finden, anstatt sich intensiv mit Hindernissen oder Fehlern zu befassen. Es gibt einen Fokus auf kontinuierliche Verbesserung und die Bereitschaft, aus Fehlern zu lernen.

Alle Merkmale lassen sich zu folgender Erkenntnis zusammenfassen:

Es gibt nicht das gut performende Teammitglied, das normal performende Teammitglied und das nicht gut performende Teammitglied – es gibt nur ein Team, das gut oder schlecht performt.

Das **Wir-ist-mehr-Prinzip**, so nenne ich das, beschreibt die Erkenntnis, dass nicht das Team mit dem besten Einzelspieler, sondern das Team mit dem besten Teamgeist in der Lage ist, ein High-Performance-Team zu sein.

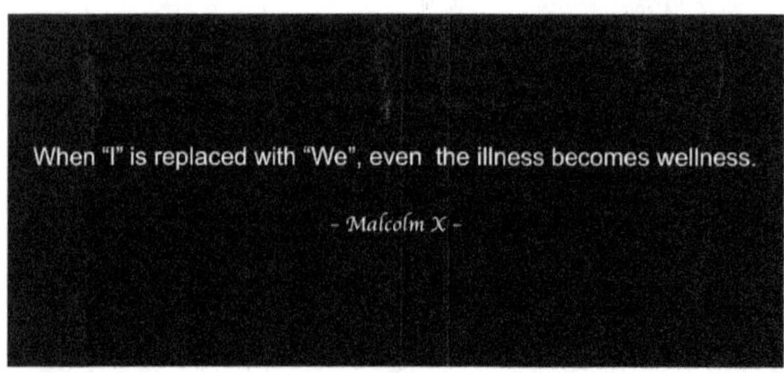

Bild 2.16 Gemeinschaft und Zusammenhalt

Von Interesse dürfte für Teams auch die Aussage des Hirnforschers Gerald Hüther sein, der betont: „Viel wichtiger als Wissen ist Erfahrung.“ (Nimmervoll 2015). Hüthers Betonung der Bedeutung von Erfahrungen beruht auf dem Verständnis, wie unser Gehirn Informationen verarbeitet. Erfahrungslernen zeichnet sich dadurch aus, dass es auf Wissen durch direkte Erfahrungen beruht anstatt dem reinen Hören oder Lesen von Informationen. Durch konkrete Erfahrungen werden komplexe neuronale Verbindungen in unserem Gehirn aktiviert und gestärkt, was dazu führt, dass das Gelernte tiefgreifender verankert und besser behalten wird.

Vertrauen und Performance

In einem Umfeld, in dem Vertrauen und Zusammenarbeit gefördert werden, kann die Gesamtleistung des Teams verbessert werden, selbst wenn nicht alle Teammitglieder individuell die besten in ihrem Fachgebiet sind. Hier möchte ich noch einmal auf Simon Sineks Gedanken und das Beispiel der US Navy SEALs zurückgreifen (siehe hierzu Abschnitt 1.3.1).

In Bezug auf Vertrauen und Leistung argumentiert Sinek, dass Vertrauen eine entscheidende Voraussetzung für hohe Leistung ist. Vertrauen schafft ein Umfeld, in dem Menschen sich sicher fühlen, Risiken einzugehen und innovative Ideen hervorzubringen, was wiederum zu verbesserten Leistungen führt. Vertrauen ermöglicht auch effektive Zusammenarbeit und fördert die Loyalität und das Engagement der Teammitglieder, was ebenfalls zu höherer Leistung führen kann.

Bei der Auswahl neuer Mitglieder setzen die Navy SEALs nicht unbedingt auf die stärksten oder intelligentesten Individuen, sondern auf diejenigen, die am besten im Team arbeiten können. Sinek erklärt, dass für den Erfolg eines Teams die Fähigkeit zur Zusammenarbeit und Vertrauen oft entscheidender sind als die individuellen Fähigkeiten seiner Mitglieder.

Erfolg

In der Sportpsychologie stoßen wir bei der Definition von Leistung auf folgende Formel:

Leistung = Potenzial – Störung

Nach dieser Formel ist die tatsächliche Leistung einer Person ihr volles Potenzial abzüglich aller Störungen, die sie erlebt. Um die bestmögliche Leistung zu erzielen, gilt es daher, das volle Potenzial zu maximieren und die Störungen zu minimieren.

Die Formel „L = P – S" ist auch für Bauprojektteams sehr relevant. In der Baubranche, wo Projekte oft komplexe und vielfältige Aufgaben umfassen, die unter strikten Zeit- und Budgetbeschränkungen erfüllt werden müssen, kann diese Formel ein nützliches Werkzeug zur Verbesserung der Teamleistung sein. Der Fokus sollte auf der Maximierung des Potenzials und der Minimierung von Störungen liegen. Dadurch können Bauprojektteams ihre Gesamtleistung verbessern und einen Beitrag für ihren eigenen Erfolg liefern.

- **Leistung (L):** In diesem Kontext ist die Leistung das endgültige Ergebnis des Bauprojekts. Dies könnte die Qualität des fertigen Gebäudes, die Einhaltung des Zeitplans und des Budgets, die Kundenzufriedenheit und andere Faktoren umfassen.
- **Potenzial (P):** In einem Bauprojektteam umfasst das Potenzial die technischen Fähigkeiten, das Fachwissen und die Erfahrung der Teammitglieder, die Ausrüstung und Technologie, die zur Verfügung steht, die Qualität der Planung und die der Projektleitung.
- **Störung (S):** In der Baubranche können Störungen viele Formen annehmen. Dazu können unvorhergesehene Probleme oder Verzögerungen auf der Baustelle, Kommunikationsprobleme innerhalb des Teams oder mit Kunden oder Lieferanten, Stress oder Überlastung der Teammitglieder, schlechte Arbeitsbedingungen und viele andere Faktoren gehören. Um Störungen zu minimieren, können Teams klare Kommunikationskanäle und -prozesse einrichten, eine sorgfältige Risikobewertung und ein umfassendes Risikomanagement durchführen und sicherstellen, dass die Arbeitsbelastung und die Arbeitsbedingungen der Teammitglieder angemessen sind.

Einen Weg, Störungen abzubauen und zum High-Performance-Team zu werden, hat Patrick Lencioni (Lencioni 2014) in einer Pyramide, dem „Fünf-Faktoren-Modell" für effektive Teamarbeit, dargestellt (siehe Bild 2.17). Jede Ebene der Pyramide baut auf der vorhergehenden auf, sodass Probleme auf einer niedrigeren Ebene Auswirkungen auf die höheren Ebenen haben können. Daher ist es wichtig, an allen fünf Aspekten zu arbeiten, um ein effektives und leistungsfähiges Team zu schaffen.

Bild 2.17 Die fünf Dysfunktionen eines Teams (nach Lencioni 2014)

1. Vertrauen: Das Fundament der Pyramide ist Vertrauen. Lencioni argumentiert, dass Vertrauen in einem Team bedeutet, dass die Mitglieder bereit sind, Schwächen und Fehler zuzugeben, Hilfe zu suchen und auf die Stärken und Fähigkeiten der anderen zu vertrauen.

2. Konflikt: Lencioni sieht konstruktive Konflikte als notwendigen Bestandteil eines effektiven Teams. Wenn es ein starkes Fundament des Vertrauens gibt, können Teammitglieder Meinungsverschiedenheiten und Konflikte auf positive und produktive Weise nutzen, um bessere Lösungen und Entscheidungen zu finden.

3. Engagement: Wenn alle Teammitglieder ihre Meinungen und Ideen offen teilen und diskutieren können, können sie sich stärker für die Entscheidungen und Ziele des Teams engagieren. Lencioni betont, dass „Klarheit und Buy-in" wichtige Aspekte des Engagements sind, wobei „Buy-in" als die allgemeine Zustimmung und Unterstützung für eine Entscheidung oder ein Ziel des Teams verstanden wird.

4. Verantwortung: In einem engagierten Team sind die Mitglieder bereit, Verantwortung für ihre Aufgaben und Ergebnisse zu übernehmen. Sie sind auch bereit, andere zur Rechenschaft zu ziehen, wenn sie ihre Verpflichtungen nicht erfüllen.

5. Ergebnisorientierung: An der Spitze der Pyramide steht die Konzentration auf die Ergebnisse. Wenn alle anderen Ebenen vorhanden sind, können Teammitglieder ihre individuellen Bedürfnisse oder Ziele hinter die gemeinsamen Ziele des Teams stellen und sich auf die Erreichung dieser Ziele konzentrieren.

2.2.8 Mentalität und Growth Mindset

„Ich bin nicht gescheitert. Ich habe nur 10 000 Wege gefunden, die nicht funktionieren." Diese Thomas Edison zugeschriebene Aussage zeigt seinen unermüdlichen Geist und seine Beharrlichkeit bei dem Versuch, eine funktionierende Glühlampe zu entwickeln. Damit ist er ein Beispiel dafür, dass oft viele Misserfolge auf dem Weg zum Erfolg liegen und diese nicht als endgültiges Scheitern, sondern als Lerngelegenheit gesehen werden sollten. Sein Verhalten unterstreicht die Wichtigkeit von Geduld, Ausdauer und einer positiven Einstellung im Angesicht von Herausforderungen.

Thomas Edisons Aussage und seine gesamte Arbeitsweise demonstrieren die „Wachstumsmentalität" (Growth Mindset), ein Konzept, das von der Psychologin Carol S. Dweck geprägt wurde. Im Gegensatz zur „festen Mentalität" (Fixed Mindset), also der Einstellung, dass Grundfähigkeiten, Intelligenz oder Talente festgelegte Merkmale sind, die nicht verändert werden können, glauben Menschen mit einer Wachstumsmentalität, dass sie sich durch harte Arbeit, Strategien und Hilfe von anderen verbessern können.

Edison hat seine vielen „Fehlschläge" nicht auf mangelnde Intelligenz oder seine Unfähigkeit als Erfinder zurückgeführt. Stattdessen sah er sie als Schritte auf dem Weg zur Lösung des Problems. Sie waren Möglichkeiten zu lernen und zu wachsen. Jedes Mal, wenn er einen Weg fand, der nicht funktionierte, kam er der Entdeckung eines Weges, der funktionierte, einen Schritt näher.

Diese Mentalität ist äußerst wichtig in vielen Lebensbereichen, aber auch in Bauprojekten. Sie ermutigt zur Beharrlichkeit, zum Lernen aus Fehlern und zur Anpassung an neue Strategien oder Ansätze, anstatt bei Schwierigkeiten aufzugeben oder Misserfolge als endgültig zu betrachten. Es ist eine Einstellung, die zu Kreativität, Innovation und letztlich zum Erfolg führt.

Die Konzepte von „Fixed Mindset" und „Growth Mindset" können in allen Berufsfeldern angewendet werden, einschließlich der Baubranche. Hier einige Beispiele, wie diese Mentalitäten in der Baubranche zum Tragen kommen könnten:

Fixed Mindset:

- Ein Vorarbeiter des Gewerks Trockenbau könnte glauben, dass seine Fähigkeiten limitiert sind und er nicht in der Lage ist, sich in Bereichen wie Kommunikation, Organisation oder technischem Verständnis weiterzuentwickeln. Er denkt, sein Rat an andere Gewerke wird nicht gehört.

- Ein Handwerker könnte sich weigern, neue Technologien oder Werkzeuge zu erlernen, weil er glaubt, dass ihm „die theoretischen Grundlagen“ fehlen oder deren Erwerb seitens seiner Führungskraft nicht unterstützt wird.
- Ein Architekt könnte an traditionellen Designs festhalten, weil er glaubt, dass er nicht kreativ genug ist oder der Kunde innovative oder modernere Entwürfe nicht akzeptiert.

Growth Mindset:

- Ein Vorarbeiter des Gewerks Trockenbau könnte seine Führungs- oder organisatorischen Fähigkeiten durch Fortbildung, Mentoring oder Praxis verbessern. Er könnte Fehler als Lernchancen anstatt als persönliche Misserfolge sehen. Er könnte anderen Gewerken Tipps geben, seine Erfahrung teilen und dabei seine Fähigkeiten ausbauen.
- Ein Handwerker könnte bereit sein, sich mit neuen Technologien oder Methoden auseinanderzusetzen, in dem Wissen, dass er durch Anstrengung und Praxis diese Fähigkeiten erlernen kann. Seine Führungskraft fördert ihn und stellt ihm hierfür Ressourcen zur Verfügung.
- Ein Architekt könnte sich dazu ermutigt fühlen, mit neuen Designkonzepten zu experimentieren in der Überzeugung, dass Kreativität durch Übung, Forschung und Offenheit für neues Wissen entwickelt werden kann.

In beiden Fällen hat die jeweilige Mentalität einen erheblichen Einfluss darauf, wie Menschen auf Herausforderungen reagieren, neue Fähigkeiten erlernen und ihre Ziele verfolgen. Ein „Growth Mindset“ kann dazu beitragen, ein Umfeld der kontinuierlichen Verbesserung und Innovation in der Baubranche zu fördern.

Bild 2.18 Fixed Mindset versus Growth Mindset

2.2.9 Motivation als Erfolgsfaktor in Bauprojekten

Im Jahr 2020 beliefen sich die Kosten durch Demotivation in Deutschland laut dem Gallup Inc. Engagement Index 2020 (2021, S. 6) auf 96,1 bis 113,9 Milliarden Euro. Bei einer Bruttowertschöpfung von 3,021 Billionen Euro (vgl. Statistisches Bundesamt (Destatis)) und 44,8 Millionen Erwerbstätigen im Jahr 2020 (vgl. Mai/Körner 2016) entspricht dies in etwa 1,4 bis 1,7 Millionen entfallenen Erwerbsjahren oder durchschnittlich 11 bis 14 Fehltagen im Jahr je Erwerbstätigen. Wenn man nun berücksichtigt, dass der Lohnkostenanteil bei Baukosten etwa ca. 30 bis 50 % beträgt (McKinsey Global Institute 2017), ist es wichtig, sich die Frage zu stellen, was man tun kann, um die Projektbeteiligten motiviert zu halten.

Motivation in der Arbeitspsychologie erklärt menschliches Verhalten und führt zu Leistung und Zufriedenheit (Wachter 2021). Ganz wesentliche Faktoren sind hierbei Motive (z. B. Anerkennung oder Leistung) und Anreize (z. B. interner Wettbewerb).

Bei Bauprojekten, wo die Zusammenarbeit von vielen verschiedenen Fachleuten erforderlich ist, kann die Motivation den Unterschied zwischen einem erfolgreich abgeschlossenen Projekt und einem gescheiterten Projekt ausmachen. Nachfolgend erläutere ich die Bedeutung der Motivation im Kontext der kollaborativen Projektabwicklung.

Motivation ist der innere Antrieb, der Projektbeteiligte dazu bewegt, bestimmte Ziele zu erreichen. Sie ist das Bindeglied zwischen dem Bedürfnis nach Erfüllung und dem tatsächlichen Handeln. Bei Bauprojekten kann die Motivation von verschiedenen Faktoren beeinflusst werden, wie z. B. durch Co-Location (die räumliche Zusammenführung des Projektteams in einer gemeinsamen Arbeitsumgebung als kollaborative und teamorientierte Arbeitsumgebung), klare Projektziele, effektive Führung und Anerkennung.

Im Kontext von Bauprojekten ist Motivation ein entscheidender Erfolgsfaktor. Sie fördert die Produktivität, die Qualität der Arbeit und die Zufriedenheit der Teammitglieder. Durch eine hohe Motivation können Probleme und Herausforderungen effektiver bewältigt werden, da die Teammitglieder engagierter sind, kreative Lösungen zu finden und hart zu arbeiten, um ihre Ziele zu erreichen.

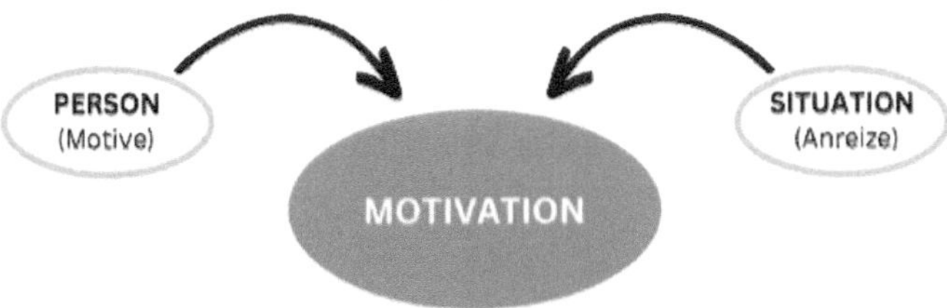

Bild 2.19 Zusammenspiel von Motiven und Anreizen für die Motivation (nach Kauffeld 2014, S. 202)

Das effektive Zusammenspiel von Motiven und Anreizen ist entscheidend für die Schaffung einer starken Motivation. Motive setzen den inneren Antrieb in Gang, während Anreize diesen Antrieb verstärken und leiten können. Wenn die Anreize gut auf die individuellen Motive abgestimmt sind, kann dies zu einer hohen Motivation führen. Es ist wichtig, dass Projektleiter ein Verständnis für die individuellen Motive ihrer Teammitglieder entwickeln und entsprechende Anreize setzen.

Folgende Faktoren beeinflussen die Motivation (Wachter 2022) der Projektbeteiligten bei Bauvorhaben:

- übergeordnet: Sinn, visionäre Ziele;
- strukturelle Faktoren: klare Ziele, Kommunikation auf Augenhöhe, reibungsloser Ablauf;
- aufgabenbezogene Faktoren: Spaß am Job, Herausforderungen, eigenständiges Arbeiten (frei von Kontrolle/Mikromanagement);
- ergebnisbezogene Faktoren: Erfolge sichtbar machen, Anerkennung und Wertschätzung, Kundenanerkennung wahrnehmen;
- teambezogene Faktoren: Teamarbeit, gutes Verhältnis zu allen Projektbeteiligten haben, gemeinsame Ziele, gute Kommunikation, Erfolge gemeinsam feiern.

Welche Maßnahmen können die Beteiligten positiv im Sinne des Projekts motivieren? Hier sehe ich zwei Schwerpunkte:

1. Ziele und Strukturen vorgeben: Kundenbedarf verstehen/definieren und klar kommunizieren, Erfolge sehen (Zwischenerfolge verdeutlichen), Kundenzufriedenheit abfragen und Lob weitergeben, Ziele klar kommunizieren und Projektbeteiligten Raum geben für eigene Ziele (jeder sollte sich hier wiederfinden).
2. Menschliche Faktoren und soziale Aspekte: wertschätzende Kommunikation auf Augenhöhe (z. B. in Besprechungen), konstruktiver Umgang mit Konflikten (kein Shaming), gute Rahmenbedingungen schaffen, um Spaß am Job zu haben (z. B. Rituale wie regelmäßiges gemeinsames Essen), richtiges Feedback und klare Messpunkte statt häufiger Kontrollen, Anerkennung und Wertschätzung durch positive Feedback-Kultur, Projektbeteiligten das Gefühl geben, dass sie gebraucht werden, Erfolge gemeinsam feiern.

Motivation ist ein zentraler Bestandteil des Erfolgs in Bauprojekten. Durch die richtige Anwendung von Motivationstechniken können Projektleiter die Produktivität, die Qualität der Arbeit und die Zufriedenheit der Teammitglieder verbessern. Es geht nicht nur darum, im Team Probleme zu lösen, sondern darum, inspiriert zu werden und Teil dieses Teams zu sein. Wir sollten morgens aufstehen und mit einem Gefühl zum Team gehen, inspiriert zu sein und andere Teammitglieder zu inspirieren. Motivation entsteht nicht von allein – man muss dafür arbeiten, dass Motivation entsteht und man sie positiv für das Projekt nutzen kann.

2.3 Projektkultur

In der zunehmend komplexen Welt der Projekte ist die Kultur eine maßgebliche Komponente, die sowohl die Teamdynamik als auch die Projektergebnisse beeinflusst. Sie bildet den geistigen Unterbau eines jeden Projektteams und ist entscheidend dafür, wie die Teammitglieder miteinander interagieren und Konflikte lösen. Ebenso spielt sie eine zentrale Rolle sowohl in der Planungs- als auch in der Ausführungsphase, wo eine Vielzahl von Fachleuten und Unternehmen in engem Rahmen zusammenarbeiten.

Die Projektabwicklung ist geprägt von hohem Zeit- und Leistungsdruck, sodass eine konstruktive Projektkultur zum entscheidenden Erfolgsfaktor werden kann. In diesem Kapitel werden wir die Rolle und den Einfluss der Kultur in der Bauphase von Bau-/Anlagenbauprojekten kennenlernen.

2.3.1 Bedeutung der Projektkultur für Kollaboration

Kultur wird im Kontext der Projektarbeit definiert als ein System geteilter Werte, Überzeugungen und Normen innerhalb eines Teams. Kultur prägt, wie Individuen interagieren, wie sie Entscheidungen treffen und Konflikte lösen.

Kultur ist ein komplexes Phänomen, das sich aus verschiedenen Elementen zusammensetzt, einschließlich Sprache, Werten, Glaubenssystemen, Normen und Ritualen. Sie prägt, wie wir die Welt wahrnehmen und wie wir mit anderen interagieren. In einem kulturell diversen Projektteam können diese Unterschiede zu Konflikten führen, aber auch neue Perspektiven und kreative Lösungen eröffnen.

Konflikte sind in Bauprojekten unvermeidlich, aber die Art und Weise, wie diese Konflikte gelöst werden, wird stark durch die kulturellen Normen des Teams beeinflusst. Zum Beispiel kann in einer Kultur, die direkte Kommunikation und Offenheit schätzt, der Konflikt offen angesprochen und gelöst werden.

Eine positive und unterstützende Projektkultur kann die Leistung eines Projektteams erheblich steigern. Sie kann dazu beitragen, das Engagement und die Motivation der Teammitglieder zu erhöhen, die Zusammenarbeit und Kommunikation zu verbessern und eine effiziente Problemlösung zu ermöglichen.

Eine offene und transparente Kommunikation ermöglicht es den Teammitgliedern, Informationen effizient auszutauschen und gemeinsam Lösungen für Probleme zu finden. Ein hohes Maß an Vertrauen innerhalb des Teams kann die Bereitschaft der Teammitglieder erhöhen, Risiken einzugehen und innovative Ideen einzubringen.

2.3.2 Wie entsteht Projektkultur?

Die Projektkultur entsteht aus dem Zusammenwirken unterschiedlicher Faktoren. Dazu gehören die Grundwerte und Normen der beteiligten Gewerke, die individuellen Einstellungen und Kompetenzen der Teammitglieder, die Art der Projektleitung sowie die spezifischen Rahmenbedingungen des Projekts. Ein bewusster Umgang mit diesen Faktoren kann dazu beitragen, eine positive Projektkultur zu etablieren und Konflikte konstruktiv zu lösen.

Konditionen der Zufriedenheit (siehe hierzu Abschnitt 3.2.2) beziehungsweise Teamgrundsätze (siehe Abschnitt 3.2.3) sind gute Voraussetzungen für eine erfolgreiche Zusammenarbeit. Sie verhelfen dem Team dazu, ein Gefühl der Gemeinsamkeit und eine Form der Kultur zu entwickeln.

Kultur ist jedoch noch mehr – sie ist ein geistiger und praktischer Rahmen, der Gruppen von anderen Gruppen unterscheidet.

Wie kommen wir zu einer Projektkultur, die uns als Nährboden dienen kann für eine kollaborative Projektabwicklung?

- Rituale
- gemeinsame Umgebung und Erfahrungen
- soziale Interaktion und gemeinsame Momente

Rituale

Rituale spielen eine wichtige Rolle bei der Etablierung einer Projektkultur in Bauprojekten. Sie helfen dabei, Gemeinschaftsgefühl, Zugehörigkeit und Identität innerhalb der Gruppe zu schaffen, was zur Produktivität und zum allgemeinen Erfolg des Projekts beitragen kann. Neben Teambildung, Anerkennung und Belohnung, fördern Rituale Identitätsbildung, Struktur und Routine.

- Rituale wie regelmäßige Teammeetings, morgendliche Briefings oder gemeinsame Mahlzeiten können dazu beitragen, das Zusammengehörigkeitsgefühl zu stärken und eine stärkere Bindung zwischen den Teammitgliedern zu fördern. Dies kann dazu führen, dass sich die Teammitglieder stärker für das Projekt engagieren und besser zusammenarbeiten.
- Rituale können auch dazu genutzt werden, die harte Arbeit und den Beitrag der Teammitglieder anzuerkennen. Dies kann durch gamifizierte Preisverleihungen, Anerkennungsveranstaltungen oder einfach nur durch das Teilen von Erfolgen in Teammeetings geschehen. Solche Rituale können die Moral und Motivation innerhalb des Teams verbessern.
- Rituale können Struktur und Routine in den Projektalltag bringen, was zu mehr Effizienz und Produktivität führen kann. Sie können auch dabei helfen, Unsicherheit

zu reduzieren und einen klaren Rahmen für das Projekt zu schaffen. Der morgendliche gemeinsame Gang über die Baustelle, der Projektstammtisch am letzten Freitag im Monat mit einer gemeinsamen Brotzeit, das feierliche Verabschieden bzw. die Aufnahme einzelner Teammitglieder oder tägliche Stand-up-Meetings mit Morgensport sind einige Beispiele, wie durch Rituale eine Teamkultur entstehen kann.

Es ist jedoch wichtig, dass Rituale sorgfältig gestaltet und implementiert werden, um sicherzustellen, dass sie positiv auf das Team wirken und nicht als unnötige oder belastende Aufgaben wahrgenommen werden.

Gemeinsame Umgebung und Erfahrungen

Um die Teamkultur zu formen und zu etablieren, ist eine räumliche Nähe aller Teammitglieder von großem Vorteil. Ein solches Umfeld kann über die sogenannte **Co-Location** erreicht werden. Co-Location, ein Begriff aus dem Bereich des Lean Construction, ist ein wesentliches Element der integralen Projektabwicklung. Es handelt sich dabei um eine räumliche Strategie, bei der alle wesentlichen Projektmitglieder – der Auftraggeber ebenso wie die Bauunternehmer, der Architekt, Fachplaner sowie bei Bedarf weitere Experten – in einem gemeinsamen physischen Arbeitsbereich zusammengebracht werden.

Co-Location spielt aus verschiedenen Gründen eine wichtige Rolle für die Kultur, insbesondere bei Bauprojekten:

- Lagerfeuererlebnis: Metaphorisch gesprochen ist die Idee hinter Co-Location etwas ähnlich dem Konzept eines Lagerfeuererlebnisses. Ein Lagerfeuer bringt Menschen zusammen, fördert den Austausch von Erfahrungen und Ideen und stärkt die Gemeinschaft. Das ist auch das Ziel von Co-Location: Menschen aus verschiedenen Disziplinen und mit unterschiedlichen Perspektiven kommen zusammen, um gemeinsam an einem Projekt zu arbeiten.

  Beim Lagerfeuer teilen sich die Teilnehmer einen gemeinsamen Raum, in dem sie kommunizieren und zusammenarbeiten. Jeder hat die Möglichkeit, sich einzubringen und von den anderen zu lernen, was zu einer tieferen Verbindung und einer stärkeren Gemeinschaft führt. In ähnlicher Weise schafft Co-Location einen gemeinsamen physischen Raum, in dem Projektmitglieder zusammenarbeiten, Ideen austauschen und gemeinsam Entscheidungen treffen können.

- Verbesserung der Kommunikation: Eine physische Co-Location fördert eine direkte, unmittelbare und effektive Kommunikation zwischen den verschiedenen Stakeholdern eines Projekts. Das kann dazu führen, dass Missverständnisse vermieden oder schnell aufgelöst werden, was wiederum Zeit spart und die Projektqualität verbessert.

- Konfliktminimierung: Co-Location kann dazu beitragen, potenzielle Konflikte zu minimieren oder schnell zu lösen, da Fragen, Bedenken und Probleme sofort angesprochen und gelöst werden können.

Soziale Interaktion und gemeinsame Momente

Das Schaffen von besonderen Momenten zwischen den Menschen in einem Projekt kann eine sehr effektive Möglichkeit sein, die Bindung und das Engagement innerhalb des Teams zu stärken. Solche Momente können den Teammitgliedern das Gefühl vermitteln, Teil von etwas Besonderem und Bedeutendem zu sein, und können dazu beitragen, die Kultur des Projekts zu prägen. Solche Momente bleiben weit über das Projektende hinaus in Erinnerung und haben die Macht, Menschen ein Leben lang zu prägen.

Positive Momente sind oft die Folge von Ritualen. Nachfolgend sind einige Beispiele aufgeführt, wie diese Momente geschaffen werden können:

- Feiern: Feiern – beispielsweise von wichtigen Meilensteinen – können im Projekt zu besonderen Momenten führen. Diese Feiern können groß oder klein sein, je nach Bedeutung des Meilensteins, und bieten eine Möglichkeit für das Team, gemeinsam den erreichten Erfolg zu würdigen.
- Teamevents oder -ausflüge: Das Organisieren von Teamevents oder -ausflügen außerhalb des normalen Arbeitsumfelds kann zu unvergesslichen Momenten führen. Ein gemeinsamer Ausflug in den Hochseilgarten hat das Potenzial für Spaß zu sorgen, wenn der Gesamtprojektleiter, der im Projekt ab und an Superhelden-Verhaltensmuster an den Tag legt, in 15 m Höhe am Seil hängt und fragend Richtung Team blickt.
- Anerkennung und Wertschätzung: Momente der Anerkennung und Wertschätzung können sehr bedeutungsvoll sein. Dies könnte z. B. eine persönliche Dankesnachricht vom Vorstand an ein Teammitglied für seine hervorragende Arbeit sein oder eine formelle Anerkennung in einem Teammeeting.
- Gemeinsame Problemlösung: Auch herausfordernde Zeiten können zu besonderen Momenten führen. Wenn das Team vor einem schwierigen Problem steht und gemeinsam eine Lösung findet, kann dies ein starkes Gefühl der Zusammengehörigkeit und des gemeinsamen Erfolgs erzeugen.

3 Was setzen wir nun wie um?

3.1 Collaborative Project Framework

Im Folgenden präsentiere ich ein konsolidiertes Konzept, das die Kernprinzipien der vorangegangenen Kapitel in ein Framework für die kollaborative Projektabwicklung integriert, unter besonderer Berücksichtigung von High-Performance-Team-Ansätzen. Dieses Framework, das als Collaborative Project Framework (CPF) bezeichnet wird, stellt eine konkrete Struktur bereit, die Verfahren und Strategien kombiniert, um die Zusammenarbeit aller Teammitglieder innerhalb eines Projekts zu optimieren.

Das CPF dient als Grundlage zur Erreichung der vier Säulen der operativen Exzellenz:

- Flusseffizienz: Optimierung von Prozessabläufen, um Verschwendung zu reduzieren und Wertschöpfung zu maximieren.
- Performance: Fokussierung auf hohe Leistung und Qualität in der Projektausführung.
- Ressourceneffizienz: maximale Ausnutzung der zur Verfügung stehenden Ressourcen, um den Wert des Projekts zu steigern.
- Verbesserung: kontinuierliche Anpassung und Verbesserung der Projektprozesse und -ergebnisse.

Durch die Verknüpfung dieser vier Säulen mit den Prinzipien der kollaborativen Projektabwicklung und High-Performance-Teams bietet das CPF eine robuste und flexible Plattform zur Erzielung von Projekterfolg.

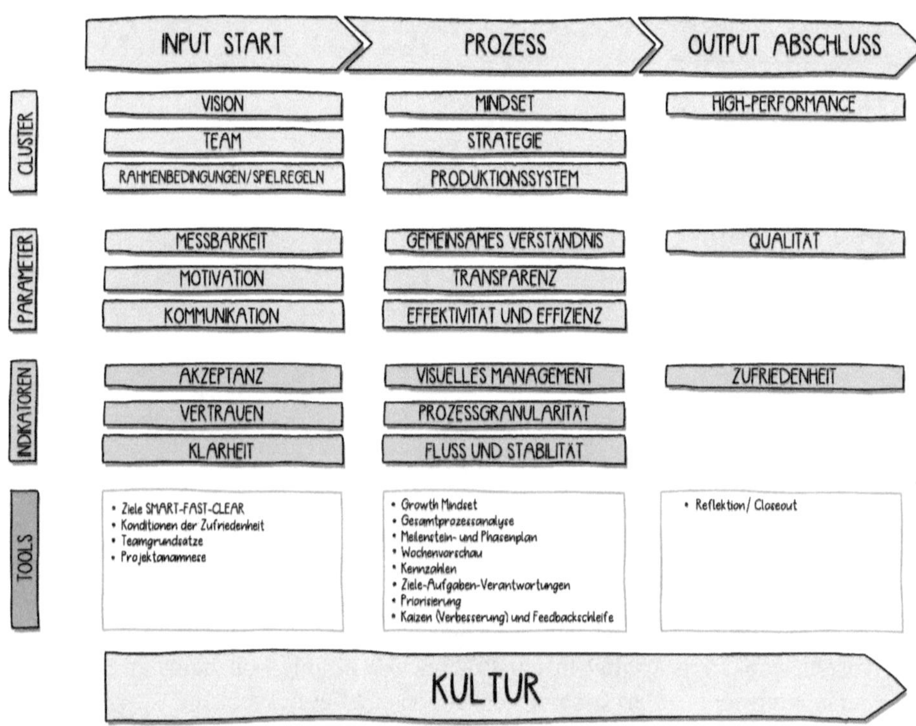

Bild 3.1 Collaborative Project Framework (CPF)

3.2 Input/Start

3.2.1 Ziele SMART-FAST-CLEAR

Projektziele sollten über die Eigenschaften SMART, FAST und CLEAR verfügen (vgl. hierzu Abschnitt 2.1.1).

Vorgehensweise zur Erarbeitung der Ziele im Projekt

1. Einführung
   - Willkommen und Vorstellungsrunde
   - Überblick über den Workshop: Ziele und Erwartungen
   - Kurze Einführung zu SMART-FAST-CLEAR-Zielen
2. Hintergrund und Kontext des Projekts
   - Präsentation des Projekts, seiner Ziele und seiner Bedeutung
   - Diskussion über die allgemeinen Ziele und Erwartungen des Projekts

3. Nominalgruppentechnik zur Erstellung von Entwürfen für SMART-FAST-CLEAR-Ziele
   - Jeder Teilnehmer notiert seine Ideen, stellt sie vor und alle diskutieren diese gemeinsam
   - Clusterung der Ziele
   - Abstimmung und Priorisierung der Ziele
4. Reverse Engineering zur Verfeinerung der SMART-FAST-CLEAR-Ziele.

   Erläuterung: Bei dieser Methode gehen wir davon aus, dass die Ziele bereits fehlerhaft sind, und fragen uns: „Was müsste geändert werden, um sie SMART-FAST-CLEAR-konform zu machen?“

   Wie müsste die Zielbeschreibung aussehen, um nachfolgende Eigenschaften *nicht* zu erfüllen?
   - spezifisch, messbar, erreichbar, relevant und zeitlich
   - ehrgeizig und herausfordernd
   - spezifisch und klar
   - transparent
   - kollaborativ
   - im Umfang und Dauer begrenzt
   - emotional
   - in kleinere, handhabbare Aufgaben unterteilbar
   - flexibel
5. Präsentation und Diskussion der verfeinerten SMART-FAST-CLEAR-Ziele
6. Offene Diskussion und Feedbackrunde
7. Abschluss

Durch die Integration der Nominalgruppentechnik und des Reverse Engineerings können wir ein breiteres Spektrum an Ideen erfassen und es auf eine systematische und effektive Weise verfeinern. Dies kann zu mehr Konsens und Engagement im Team führen und die Qualität der endgültigen SMART-FAST-CLEAR-Ziele verbessern.

3.2.2 Konditionen der Zufriedenheit

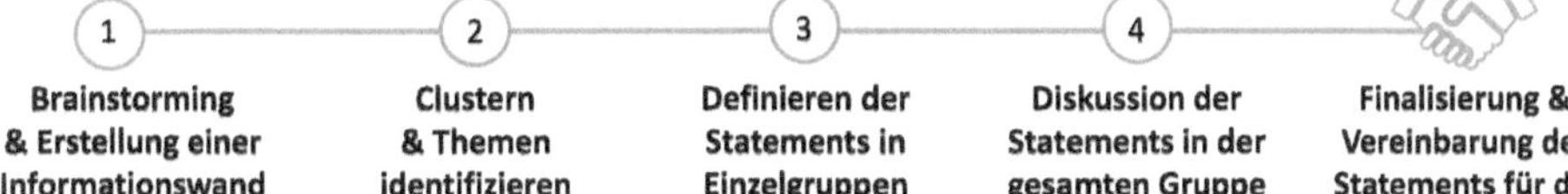

Bild 3.2 Vorgehensweise zur Identifikation der Konditionen der Zufriedenheit (Quelle: Refine Projects AG, 2016)

Vorgehensweise zur Erarbeitung der Konditionen der Zufriedenheit

1. Brainstorming und Erstellung einer Informationswand: Stell dir vor, wir haben den 1. Juli 2024 und das Projekt „xyz“ ist abgeschlossen.
   - Welche drei Gefühle möchtest du haben?
   - Was ist dir so wichtig im Projekt, dass du es mitnehmen möchtest?
   - Was sind deine aktuellen Schmerzpunkte im Projekt, die du nicht mehr haben möchtest? Formuliere diese um in Begeisterungsmerkmale!
2. Clustern und Themen identifizieren: gemeinsames Clustern der Themen
   - Welche Themen haben wir identifiziert?
3. Definieren der Statements in Einzelgruppen: gemeinsames Verständnis formulieren in Einzelgruppen
   - Aufteilung des Projektteams in Gruppen und Analyse des Inhalts der Statements.
   - Daraus abgeleitet Formulierung einer – falls nötig auch mehrerer – Aussage(n) zu den Konditionen der Zufriedenheit.
   - Brainstorming, wie das Statement gemessen werden kann.
4. Diskussion des Statements in der gesamten Gruppe
   - Die Aussagen werden der gesamten Gruppe vorgestellt und erklärt.
   - Feedback wird ausgetauscht und die Aussage gegebenenfalls umformuliert und verabschiedet.
5. Finalisierung und Vereinbarung der Statements zu den Konditionen der Zufriedenheit
   - Die Konditionen der Zufriedenheit werden nun aufgelistet.
   - Das Projektteam verabschiedet die Konditionen der Zufriedenheit mit einer feierlichen Unterschrift unter den handschriftlich dokumentierten Konditionen der Zufriedenheit in Form eines Plakats.

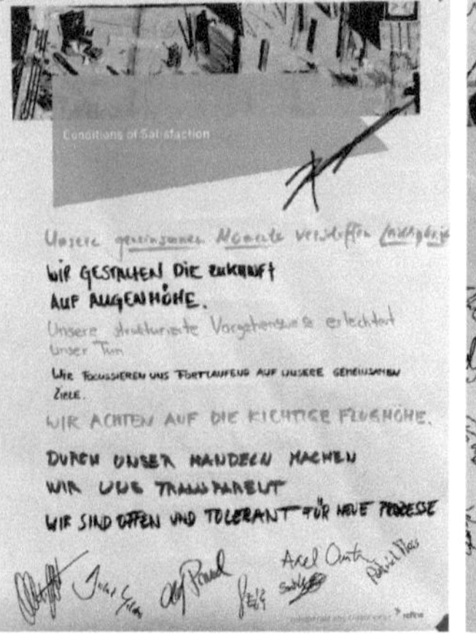

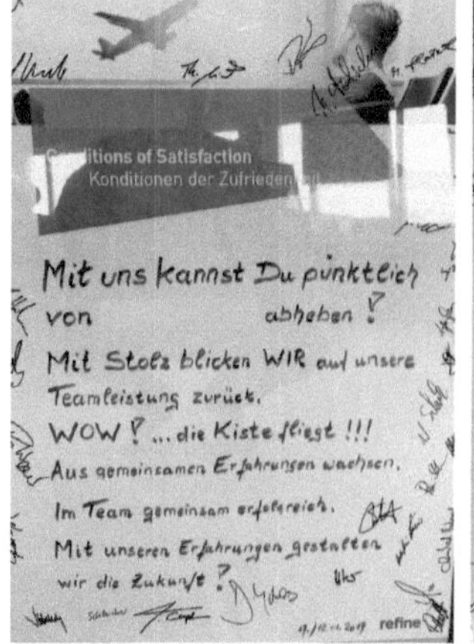

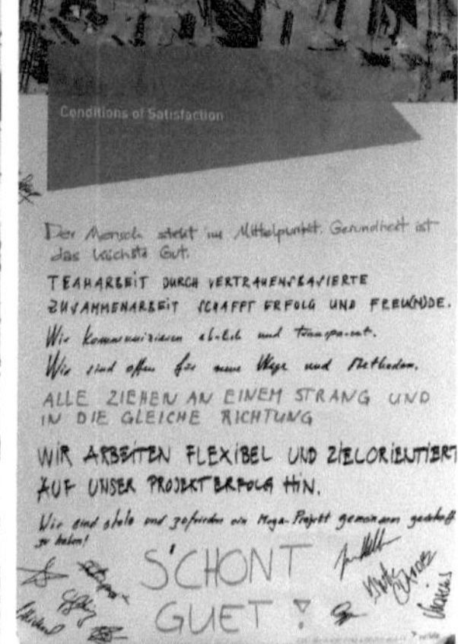

Bild 3.3 Konditionen der Zufriedenheit – Beispiele (Quelle: Refine Projects AG, 2019–2023)

Konditionen der Zufriedenheit

- ... sind die Erfolgsfaktoren für das Projektteam und werden gemessen.
- ... funktionieren, wenn alle sich Teammitglieder daran orientieren und danach handeln.
- ... setzen Projektprioritäten im Interesse aller Beteiligten.
- ... schaffen Mehrwert für den Kunden und das Projektteam.
- ... helfen bei der Entscheidungsfindung während des Projekts.
- ... ermöglichen eine gemeinsame Sprache für die Zusammenarbeit.
- ... fördern die Teamkultur und das Zusammenarbeiten.

3.2.3 Teamgrundsätze

Ein Weg zur Sicherstellung der Disziplin ist die gemeinsame Aufstellung von Regeln in Form von Teamgrundsätzen (siehe Bild 3.4).

Bild 3.4 Teamgrundsätze (Quelle: Refine Projects AG, 2016)

3.2.4 Projektanamnese

Bei der Anamnese von Projekten geht es im Wesentlichen darum, mögliche Probleme und Herausforderungen des Projektteams zu identifizieren und zu analysieren, um bedarfsgerecht Lean-Konzepte implementieren zu können.

Ziel der Anamnese ist es, anhand von geeigneten Methoden einen „Befund“ (Problemidentifikation) für den Patienten (Kunden) zu erstellen, um ihm mit einem individualisierten Behandlungsplan (Maßnahmenplan) zur Genesung (Projekterfolg) zu verhelfen.

Um ein effektiveres Gespräch mit Kunden oder dem Projektteam zu führen, ist es hilfreich, im Vorfeld eine Situationsanalyse durchzuführen. Diese sollte nicht nur den Inhalt des Gesprächs („Was“) berücksichtigen, sondern auch die Art und Weise der Kommunikation („Wie“). Folgende Fragen können dabei helfen, das „Wie“ besser zu verstehen:

- Wer sind meine Gesprächspartner? Welches Publikum möchte ich ansprechen (homogen/heterogen)? Welches Vorwissen haben sie?
- Gibt es Vorgeschichten, Tabuthemen, verdeckte Ängste bzw. Interessen?

Vor dem ersten Gespräch mit dem Kunden oder Gesprächspartner ist es wichtig, sich über das Unternehmen sowie nach Möglichkeit auch über den/die Gesprächspartner/in oder die Kontaktperson ausreichend zu informieren. Hilfreich ist auch, sich mit Kollegen über mögliche Erfahrungswerte bei bekannten Kunden auszutauschen.

In einem zweiten Schritt sollte sich der zuständige Projektleiter über die eigenen Ziele bezüglich des bevorstehenden Gesprächs Gedanken machen. Folgende Fragen können als Gedankenstütze dienen:

- Womit will ich mindestens aus dem Gespräch herausgehen (Minimum)?
- Was kann bzw. werde ich maximal aus dem Gespräch herausholen können (Maximum)?
- Was ist die zentrale Botschaft, mit der ich aus dem Gespräch gehen möchte?
- Was plane ich für die entscheidenden Gesprächsteile Einstieg und Schluss?

Um eine vollumfängliche Projektanamnese zu gewährleisten, ist es notwendig, sich ausreichend Klarheit über den Status des Projekts zu verschaffen. Der nachfolgende Leitfaden soll den Projektbeteiligten zu einem **strukturierteren Kundengespräch** und einer vollständigen Projektanamnese verhelfen.

Allgemeine Fragen

Abfrage des Status quo/der Rahmenbedingungen des Projekts:

- Was ist/sind das übergeordnete Projektziel/e?
- In welcher Phase befindet sich das Projekt?
- Was ist der Status quo des Projekts?
- Was sind die aktuellen Herausforderungen?
- Gibt es Restriktionen? Wenn ja, welche sind das?
- Was ist der Endtermin des Projekts und wie kritisch ist dieser?
- Gibt es einen Rahmenterminplan? Kennt das gesamte Projektteam (einschließlich Nachunternehmer) den Rahmenterminplan?

- Was sind die relevanten Projektmeilensteine? Kennt das gesamte Projektteam (einschließlich Nachunternehmer) diese?
- Gibt es einen Vergabeterminplan, der zugesendet werden kann?
- Wann und wo soll der Kick-off-Workshop stattfinden?
- Worin besteht Ihrer Meinung nach das größte Potenzial?
- Was sollte auf keinen Fall im Projekt passieren?

Abfrage des Status quo im Team

- Welche externen Entscheidungsträger/Projektverantwortlichen/Firmen/Stakeholder gibt es?
- Wie setzt sich das Team zusammen? Aus welchen Teilnehmern besteht es (Rollen- und Beauftragungsverhältnisse)?
- Wie lange arbeitet das Team bereits in dieser Besetzung zusammen?
- Gibt es eine Liste aller Gewerke und Nachunternehmen?
- Wie viele Personen arbeiten beim jeweiligen Fachplaner für dieses Projekt (Technische Gebäudeausrüstung, Architektur, Tragwerksplanung etc.)?
- Sind ausreichend Kapazitäten vorhanden oder gibt es bereits Engpässe?
- Ist Lean-Erfahrung/Wissen der Teilnehmer vorhanden? Wenn ja, von wem und in welchem Ausmaß?
- Wie gestaltet sich die bisherige Zusammenarbeit im Team?
- Gibt es ein gemeinsames Teamziel?
- Was sind die aktuellen Herausforderungen für das Team?
- Gibt es Besonderheiten innerhalb des Teams (Verhaltensregeln, Teamgrundsätze, Rituale)?
- Wer sind die Lean-Befürworter/Gegner innerhalb des Projekts? Gibt es ein gemeinsames Verständnis bezüglich des Vorgehens? Gibt es ein gemeinsames Verständnis bezüglich der Prozesse? Wie werden Entscheidungen getroffen?

Verantwortung/Kommunikation

- Wie steht es um die Verantwortlichkeiten (evtl. Organigramm)?
- Wer sind die Ansprechpartner für wen?
- Welche Besprechungen mit welchen Teilnehmern finden in welchem Rhythmus statt? Gibt es diesbezüglich eine Übersicht (Besprechungsplan)?
- Über welche Kommunikationswege wird was wie kommuniziert?
- Wie wurden die verschiedenen Akteure bisher integriert?
- Wird Transparenz innerhalb des Projekts gelebt?
- Werden Fehler und Probleme offen angesprochen?
- Gibt es Schmerzpunkte, die im Projekt nicht angesprochen werden sollten oder können?
- Wie werden neue Teammitglieder ins Team aufgenommen (Onboarding)?

Die Ergebnisse des Kundengesprächs können auf Post-its geschrieben und auf einem Plakat ähnlich Bild 3.5 gesammelt werden.

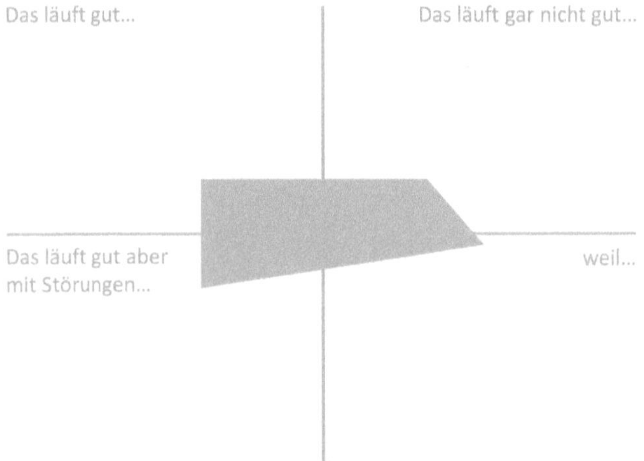

Bild 3.5 Vorlage zur Projektanamnese (Quelle: Refine Projects AG, 2018)

3.3 Prozess

3.3.1 Growth Mindset

Die Team-Mentalität hat einen großen Einfluss darauf, wie unser Team auf Herausforderungen reagiert, neue Fähigkeiten erlernt und seine Ziele verfolgt. Ein „Growth Mindset" kann dazu beitragen, ein Umfeld der kontinuierlichen Verbesserung und Innovation in der Baubranche zu fördern (vgl. Abschnitt 2.2.8).

Führen Sie das Growth Mindset über einen **Teamworkshop** ein!

- Einführung:
  - Willkommensrede und Einführung in den Workshop
  - Teambuilding-Aktivität, um die Zusammenarbeit und Kommunikation zu fördern.
- Wie ist das Mindset?
  - Präsentation des Konzepts „Mindset", Unterscheidung zwischen „Fixed Mindset" und „Growth Mindset".
  - Kurze Diskussion oder Reflexion: Wie sieht mein persönliches Mindset aus?
- Das Growth Mindset vertiefen:
  - Vertiefung des Growth Mindsets: seine Bedeutung, Vorteile und Anwendungen.
  - Diskussion: Wie könnte ein Growth Mindset in unserem täglichen Arbeitsumfeld aussehen?

- Von Fixed zu Growth – Veränderung des Mindsets:
  - Übung: Identifizieren Sie Situationen, in denen Sie ein Fixed Mindset hatten, und überlegen Sie, wie Sie diese Situationen mit einem Growth Mindset hätten angehen können.
  - Rollenspiele: Fälle mit einem Fixed Mindset vs. Growth Mindset.
  - Reflexion und Diskussion
  - Team-Brainstorming: Wie können wir als Team ein Growth Mindset fördern?
  - Entwicklung von Aktionsplänen: Jedes Teammitglied erstellt einen individuellen Aktionsplan zur Förderung eines Growth Mindsets in seiner täglichen Arbeit.
  - Diskussion: Wie können wir einander in unserem Wachstum unterstützen?
- Abschluss und Feedbackrunde:
  - Reflexion über den Tag und Austausch von Erkenntnissen
  - Feedbackrunde: Was hat gut funktioniert? Was können wir beim nächsten Mal verbessern?
  - Abschlussworte und nächste Schritte

Vergessen Sie nicht, dass der Erfolg dieses Workshops stark von einer offenen und unterstützenden Atmosphäre abhängt. Stellen Sie sicher, dass die Teilnehmerinnen und Teilnehmer sich sicher fühlen, ihre Gedanken und Gefühle zu teilen.

3.3.2 Produktionssystem in Anlehnung an das Last Planner System

Das Last Planner System (LPS) ist ein auf Lean-Prinzipien basierendes Produktionssystem, das speziell für die Optimierung der Planung und Ausführung in Bauprojekten konzipiert ist. Es fördert eine kollaborative Arbeitsweise, erhöht die Zuverlässigkeit der Planung und minimiert Verschwendung. Das System umfasst mehrere Schlüsselelemente:

- Gesamtprozessanalyse: In dieser Phase wird die Projektlieferlogik in ihrer Gesamtheit analysiert. Ziel ist es, Engpässe, wesentliche Meilensteine und Schlüsselprozesse zu identifizieren, um eine fundierte Planungsgrundlage zu schaffen.
- Meilenstein- und Phasenplan: Auf Grundlage der Gesamtprozessanalyse werden die wichtigsten Phasen und Meilensteine des Projekts ermittelt. Dies dient zur Identifikation der zeitlichen Leitplanken und der wesentlichen Schnittstellen zwischen den verschiedenen Projektphasen.
- Detailproduktionsplanung mit 6-Wochen-Vorschau und PEP-Besprechungen (Produktionsevaluations- und Produktionsplanungsbesprechungen): Diese Elemente helfen bei der Fortschrittskontrolle und identifizieren frühzeitig mögliche Risiken sowie anstehende Aufgaben. Während der 6-Wochen-Vorschau wird ein detaillierter Blick auf die unmittelbar bevorstehenden Aktivitäten und ihre Abhängigkeiten geworfen. In den PEP-Besprechungen werden die Pläne überprüft und nötige Anpassungen vorgenommen.

Der Teilnehmerkreis setzt sich aus sogenannten Prozesseignern zusammen. Diese Schlüsselpersonen verfügen nicht nur über umfassendes Wissen zu den jeweiligen Prozessen, sondern haben auch die Entscheidungskompetenz in Bezug auf diese. Ihre Aufgabe im Rahmen des Last Planner Systems besteht darin, den Prozessablauf zu optimieren, den Austausch zu anderen Prozesseignern zu etablieren, um Klarheit und gemeinsames Verständnis zu schaffen und Zusagen vorzunehmen. Kollaborationsfördernd ist ein Farbschema (siehe Bild 3.6), bei dem jedem Prozesseigner eine bestimmte Farbe in Form von farbigen Post-its zugeordnet wird. Es gilt die Regel, dass nur der jeweilige Prozesseigner seine zugeordneten Farben „anfassen" und Änderungen vornehmen darf. Auf diese Weise tragen die Prozesseigner entscheidend zur Implementierung, Überwachung und fortlaufenden Verbesserung des Gesamtsystems bei.

Bild 3.6 Farbschema Prozesseigner (Prinzipbild) (Quelle: Refine Projects AG, 2016)

1. Aufbau eines gemeinsamen Verständnisses mit der Gesamtprozessanalyse

Als Erstes wird das gemeinsame Verständnis über die Projektziele und die Projektablaufstrategie sichergestellt. Dies ist wichtig, weil nur so das „Kaffeetassenproblem" (vgl. Bild 3.7) reduziert werden kann. In der Praxis erfolgt dies anhand einer sogenannten Gesamtprozessanalyse.

Im Rahmen der Gesamtprozessanalyse (GPA) werden der spezifische Projektlieferprozess definiert und die Abhängigkeiten zwischen Teilprojekten, Prozessphasen und Prozessschritten identifiziert. Eine zeitliche Betrachtung von Dauer oder Fristen erfolgt hier noch nicht, da nur so ein klares Prozessverständnis zustande kommt.

In der Gesamtprozessanalyse geht es darum, ein umfassendes Verständnis für den gesamten Projektlieferprozess zu erlangen. Dazu wird zunächst der spezifische Lieferprozess für das jeweilige Projekt gemeinsame definiert. Hierbei werden alle relevanten Teilprojekte, Prozessphasen und Prozessschritte in ihre logischen Beziehungen zueinander gesetzt. Das heißt, es wird analysiert, welche Prozessschritte voneinander abhängig sind und in welcher Reihenfolge sie durchgeführt werden müssen.

Start- oder Endmeilenstein / Entscheidungspunkt

Prozessschritt

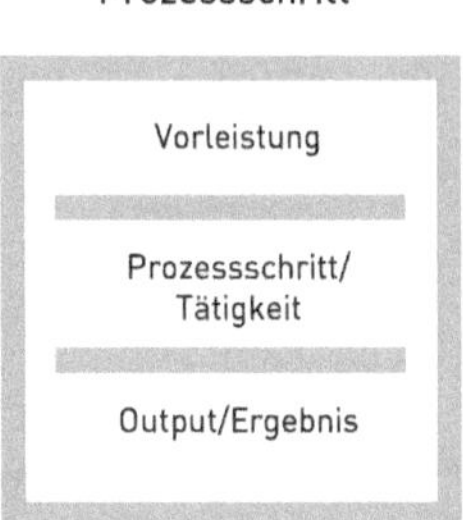

Bild 3.7 Beschriftung der Post-its in einer Gesamtprozessanalyse

Der nächste Schritt ist die Identifizierung von Abhängigkeiten. Das können sowohl logische (technische oder sequenzielle) als auch ressourcenbedingte Abhängigkeiten sein. So lässt sich herausfinden, welche Teile des Projekts gleichzeitig vorangetrieben werden können und wo Engpässe oder Risiken bestehen könnten.

Wichtig ist, dass in dieser Phase noch keine zeitliche Planung im Sinne von festen Fristen oder Dauern stattfindet. Der Fokus liegt ausschließlich darauf, den Prozess und seine Abhängigkeiten zu verstehen. Dieser ganzheitliche Blick ermöglicht es, später eine effiziente und realistische Zeitplanung vorzunehmen, da er die Grundlage für die darauffolgende Meilenstein- und Phasenplanung bildet.

Vorgehensweise:

- Festlegen der Funktionsbereiche, d. h. Einteilung des Projekts in Einheiten (z. B. Teilprojekte, Bauabschnitte oder nach Gewerken wie Gebäude, Anlagen, Maschinen etc.)
- Kollaborative Entwicklung des Projektlieferprozesses mit Post-its, Beschriftung erfolgt entsprechend Bild 3.7:
  - Gemeinsame Definition der Beschaffenheit des Projektendes
  - Planung der Prozesse mit Input und Output von rechts nach links
  - Durchsprechen der fertigen Gesamtprozessanalyse
- Ergebnis (siehe Bild 3.8):
  - Der spezifische Projektlieferprozess wurde transparent definiert.
  - Ein gemeinsames Verständnis für alle Projektbeteiligten wurde sichergestellt.
  - Die Abhängigkeiten zwischen den Prozessen wurden visualisiert.
  - Vorhandene Chancen und Risiken zur Prozessstabilisierung wurden identifiziert.
  - Vorhandene Optimierungspotenziale wurden erkannt und genutzt.

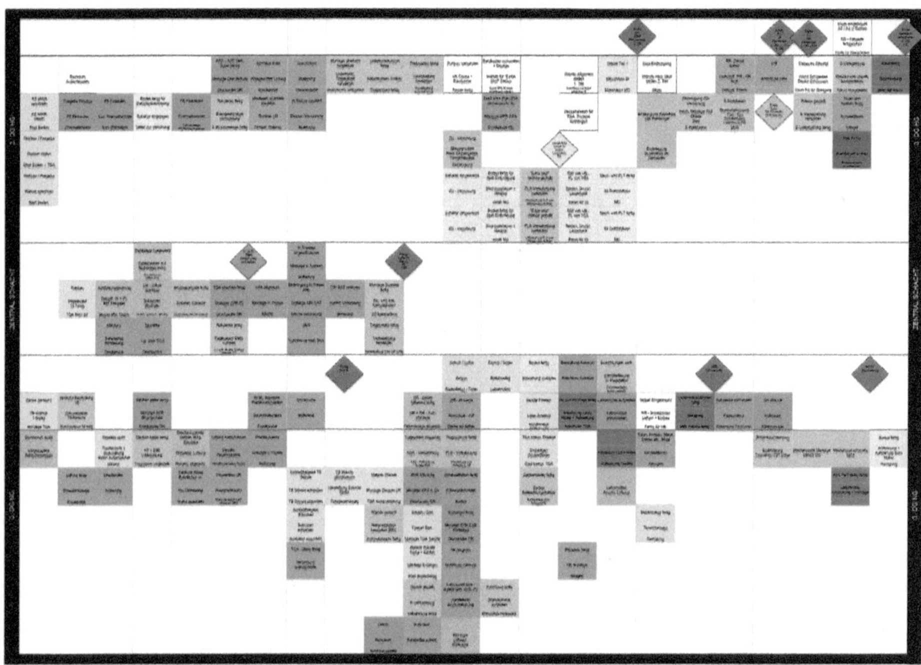

Bild 3.8 Gesamtprozessanalyse (Prinzipbild) (Quelle: Refine Projects AG, 2020)

2. Phasenplanung und Schnittstellenidentifikation mit der Meilenstein- und Phasenplanung

In der Phase der Meilenstein- und Phasenplanung (MPP) wird die gesamte Projektlieferlogik auf einer Zeitachse abgebildet. Dies ist ein entscheidender Schritt, um sicherzustellen, dass alle Beteiligten ein klares Verständnis für den zeitlichen Ablauf und die logischen Zusammenhänge innerhalb des Projekts haben.

- Definieren von Schnittstellen und Übergabepunkten: Einer der Hauptaspekte dieses Prozesses ist die Identifikation und Definition von Schnittstellen zwischen verschiedenen Projektabschnitten oder -phasen. Diese Schnittstellen dienen als Übergabepunkte, an denen bestimmte Aufgaben, Dokumente oder Verantwortlichkeiten von einem Teammitglied oder einer Abteilung an eine andere übergeben werden.
- Einrichtung zeitlicher Leitplanken: Durch das Festlegen dieser Schnittstellen und Übergabepunkte auf der Zeitachse entsteht eine Art zeitlicher Leitplanke. Diese dient als Richtlinie für die Produktion und ermöglicht es dem Team, den Fortschritt leichter zu überwachen und anzupassen.
- Identifizierung von Hindernissen und Risiken: Während dieser Planungsphase bietet sich auch die Gelegenheit, mögliche Hindernisse und Risiken zu identifizieren. Dies kann durch eine Risikomatrix erfolgen, in der verschiedene Risikofaktoren hinsichtlich ihrer Wahrscheinlichkeit und Auswirkungen bewertet werden.

- Vertiefung des Produktionsverständnisses: Durch die intensive Auseinandersetzung mit der zeitlichen Planung und den verschiedenen Schnittstellen gewinnen alle Beteiligten ein tiefgehendes Verständnis für den gesamten Produktionsablauf. Dies ist besonders nützlich für PEP-Besprechungen (Produktionsevaluations- und Produktionsplanungsbesprechungen), in denen der Fortschritt bewertet und zukünftige Schritte geplant werden.

Die detaillierte Meilenstein- und Phasenplanung verfolgt mehrere wesentliche Ziele: Sie dient dazu, eine zeitliche Leitplanke für die Produktion zu etablieren und mögliche Hindernisse sowie Risiken systematisch zu identifizieren und zu bewerten. Darüber hinaus fördert sie ein tiefer gehendes Verständnis für den gesamten Produktionsablauf unter allen Beteiligten. All diese Aspekte tragen dazu bei, den Projektablauf so effizient und reibungslos wie möglich zu gestalten, was die Wahrscheinlichkeit eines erfolgreichen Projektabschlusses erhöht.

Vorgehensweise:

- Überprüfen und Ergänzen der Meilensteine für das Gesamtprojekt
- Gemeinsame Planung der Meilensteine und Phasen der einzelnen Gewerke, die Beschriftung erfolgt entsprechend Bild 3.9:
  - Einkleben der Gesamtprojektmeilensteine
  - Planung der Meilensteine und Phasen pro Gewerk von rechts nach links
- Durchsprechen des fertigen Meilenstein- und Phasenplans
- Ergebnis (siehe Bild 3.10):
  - Erstellung einer zeitlichen Leitplanke für die 6-Wochen-Vorschau
  - Erstellung eines gemeinschaftlichen Meilenstein- und Phasenplans auf Wochenbasis für die nächsten Monate
  - Definition der Übergaben und aller Schnittstellen, Klärung unklarer Schnittstellen
  - Überprüfung und Erfassung von Hindernissen und Risiken
  - Vertiefung des Verständnisses für den Produktionsablauf

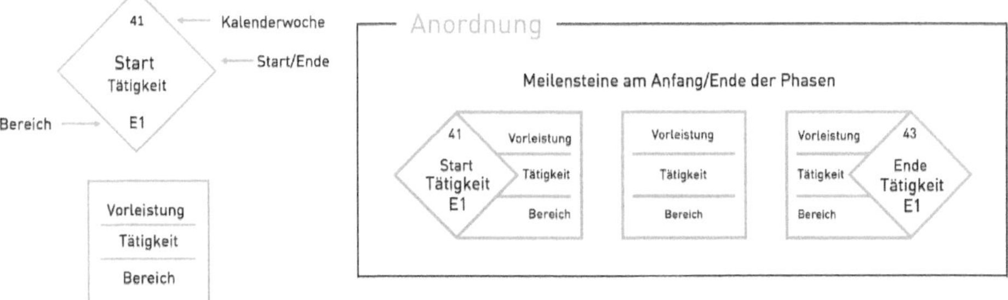

Bild 3.9 Post-it-Beschriftung für den Meilenstein- und Phasenplan (Quelle: Refine Projects AG, 2016)

Bild 3.10 Meilenstein- und Phasenplan (Prinzipbild) (Quelle: Refine Projects AG, 2016)

3. Detailproduktionsplanung mit der 6-Wochen-Vorschau und Produktionsevaluations- und Produktionsplanungsbesprechung (PEP)

Der Meilenstein- und Phasenplan (MPP) eignet sich nicht für eine detaillierte Produktionsplanung oder -steuerung. Um die Produktion effektiv steuern zu können, ist eine tagesgenaue Planung und Messung des Produktionsfortschritts erforderlich. Diese Feinsteuerung wird durch eine kurzzyklische 6-Wochen-Vorschau ermöglicht (siehe Bild 3.11).

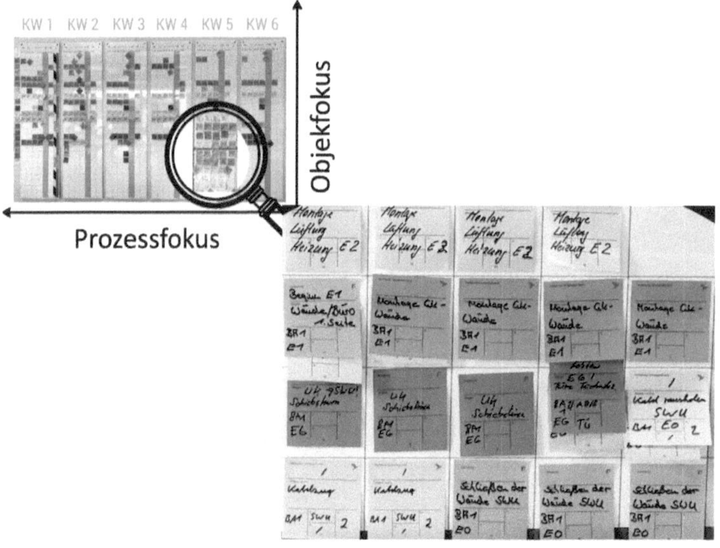

Bild 3.11 6-Wochen-Vorschau (Prinzipbild) (Quelle: Refine Projects AG, 2016)

Die **6-Wochen-Vorschau** nutzt zwei Fokusebenen für eine effektive Prozessplanung: den Prozessfokus und den Objektfokus. Der Prozessfokus dient als die X-Achse der Projektplanung, auf der die verschiedenen Arbeitsschritte und Prozesse entlang eines zeitlichen Verlaufs platziert sind. Diese visuelle Darstellung erleichtert das Verständnis der zeitlichen Abfolge und der wechselseitigen Abhängigkeiten der einzelnen Prozessschritte.

Auf der anderen Seite steht der Objektfokus, der als Y-Achse dargestellt ist. Hier werden die verschiedenen Gewerke, die an den Prozessen beteiligt sind, einer spezifischen Objektebene zugeordnet. Unter „Objektebene" sind die einzelnen Segmente der Produktion zu verstehen, wie z. B. Bauabschnitte oder Geschosse.

Um den Fortschritt der Prozesse nachverfolgen und ihre Stabilität gewährleisten zu können, werden die Prozesse in Form von Tagesprozessen geplant (siehe Bild 3.12). Für jeden Prozess werden dabei genaue Informationen festgelegt, die eine Tagesplanung ermöglichen – etwa durch eine raumweise Definition des jeweiligen Prozesses und/oder Angaben über den Prozessumfang (Arbeitsmenge etc.).

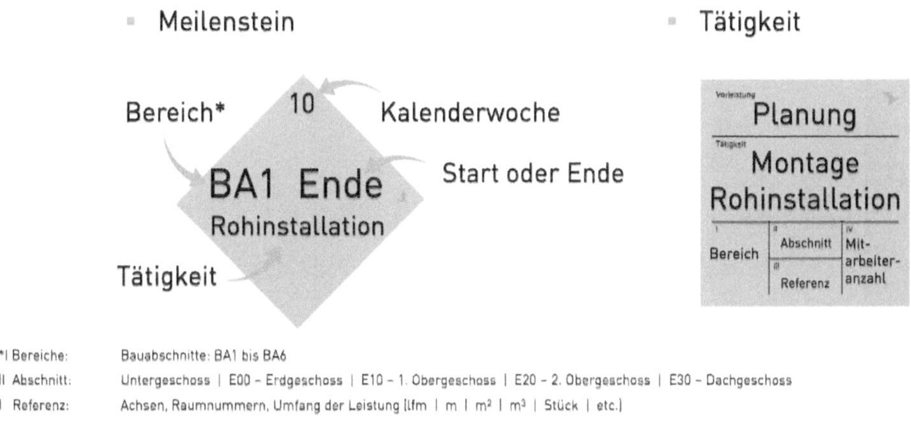

Bild 3.12 Beispielhafte Beschriftung mit Post-its für die 6-Wochen-Vorschau (Quelle: Refine Projects AG, 2016)

Zusammengenommen bieten diese Vorgehensweisen in der 6-Wochen-Vorschau einen umfassenden Überblick über den geplanten Produktionsablauf. Sie führt nicht nur zu einem gemeinsamen Verständnis, sondern erleichtert auch die Abstimmung und Ressourcenplanung für die verschiedenen beteiligten Gewerke.

In der 6-Wochen-Vorschau werden Prozesse durch den Prozesseigner eingeplant. Unter Prozesseigner ist die Person zu verstehen, die in der Lage ist, Prozesse einzuplanen. Für die Einplanung werden jedem Prozesseigner (wie oben beschrieben, siehe auch Bild 3.6) eine oder mehrere Post-it-Farben zugeordnet (mehrere Farben für den Fall, dass der Prozesseigner mehrere Gewerke einplant). Nur dem Prozesseigner ist es gestattet, Post-its in der jeweiligen Farbe „anzufassen" bzw. ein-/umzuplanen.

Folgende Fragestellungen muss der Prozesseigner beim Einplanen der Prozesse beantworten:

- Welche Voraussetzungen müssen vorhanden sein, damit der Prozess starten kann?
  Prozesse können dann starten, wenn die sogenannten „Hauptflüsse" sichergestellt sind (siehe Bild 3.13).
- Welche Prozesse müssen stattfinden, damit der Meilenstein bzw. die Prozessphasen aus dem Meilenstein- und Phasenplan (MPP) erreicht werden?
  Der Prozess sollte so klar und einfach wie möglich sein.
- Wo findet mein Prozess statt?

Vorgehensweise:

- Von rechts nach links planen
- Meilensteine aus dem MPP übertragen
- Phasen aus dem MPP auf Tagesbasis in die 6-Wochen-Vorschau planen
- Überprüfen der Hauptflüsse (siehe Bild 3.13)
- Gemeinschaftlicher Abstimmungsprozess
- Identifizierung von Risiken und Aktionen

Ergebnis:

- Erstellung einer tagesgenauen Produktionsplanung
- Identifikation und Verabschieden eines stetigen Produktionsprozesses
- Definition der Übergaben und Schnittstellen
- Überprüfung und Erfassung von Hindernissen und Risiken
- Vertiefung Verständnis für den Produktionsablauf

Jeder Ausführungsprozess erfordert laut Lauri Koskela, Professor für Bauingenieurwesen und Projektmanagement an der Uni Huddersfield, sieben **Hauptflüsse** (Koskela 2000), die von Christine Pasquire und Peter Court später um einen achten Hauptfluss ergänzt wurden (Pasquire/Court 2013): Mitarbeiter, Informationen, Geräte, Materialien, Vorarbeit, sicherer Arbeitsraum, äußere Bedingungen und gemeinsames Verständnis. Im Kontext der Planungsprozesse reduziert sich diese Anzahl auf fünf Hauptflüsse: Mitarbeiter, Informationen, Soft- und Hardware, Vorleistungen und gemeinsames Verständnis. Sollte nur einer der Hauptflüsse nicht sichergestellt sein, kann der Prozess nicht stattfinden (siehe Bild 3.13).

Aufgrund meiner Erfahrung empfehle ich, die Hauptflüsse um einen Punkt erweitern – die Motivation (siehe hierzu auch Abschnitt 2.2.9). Die Erweiterung um den Aspekt der Motivation wäre eine Möglichkeit, den Fokus auf die menschliche Seite des Prozesses zu lenken. Motivation spielt eine entscheidende Rolle für die Produktivität und das Engagement der Mitarbeiter. Indem man die Motivation in die Hauptflüsse integriert, kann man die Leistungsfähigkeit des Teams verbessern und weitere Verschwendungen reduzieren.

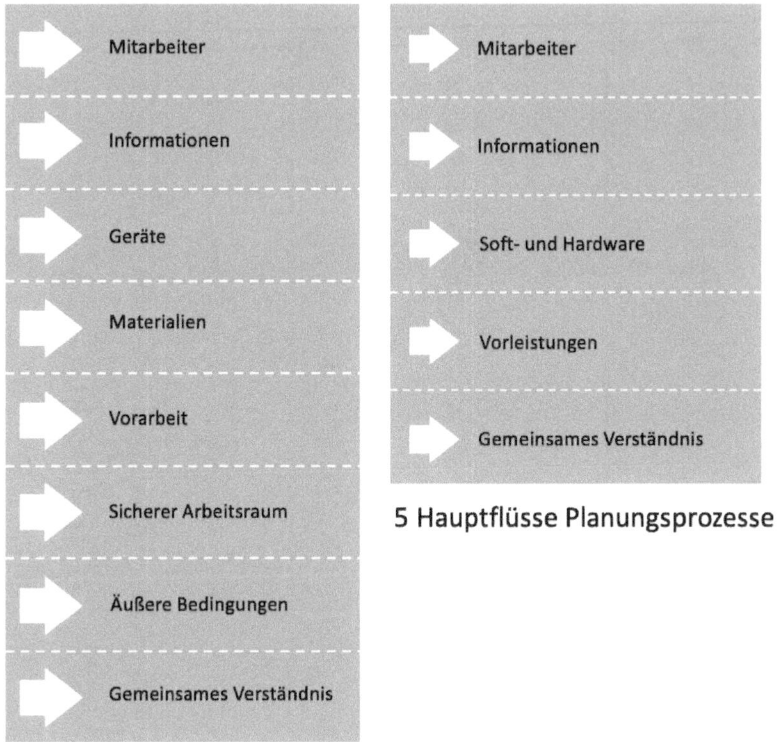

Bild 3.13 Hauptflüsse im Ausführungsprozess (nach Koskela 2000 und Pasquire/Court 2013)

Hier sind einige Gründe, warum die acht Hauptflüsse nach Koskela um den Punkt „Motivation“ erweitert werden sollten:

- Arbeitszufriedenheit: Wenn die Mitarbeiter motiviert sind, steigt ihre Zufriedenheit mit ihrer Arbeit. Das wirkt sich positiv auf ihre Produktivität, die Qualität ihrer Arbeit und die Prozessstabilität aus.
- Kommunikation und Zusammenarbeit: Eine gute Motivation fördert die Kommunikation und Zusammenarbeit zwischen den Prozesseignern und Projektbeteiligten. Durch die Integration der Motivation in die Hauptflüsse kann man die Teamarbeit und den Informationsaustausch verbessern.

- Leistung und Effizienz: Motivierte Mitarbeiter sind in der Regel leistungsfähiger und effizienter. Durch die Schaffung eines motivierenden Umfelds kann man die Gesamtleistung des Teams steigern und Verschwendung reduzieren.

Die Erweiterung der acht Hauptflüsse um den Punkt „Motivation“ ist eine Anpassung des ursprünglichen Konzepts von Koskela und sollte unter Lean-Praktikern diskutiert werden. Es kann jedoch ein sinnvoller Ansatz sein, um die menschlichen Aspekte der Prozesse zu berücksichtigen und die Gesamtperformance zu verbessern.

Der Detailproduktionsplan wird als rollierender Plan jede Woche gemeinschaftlich evaluiert und fortgeschrieben. Konkret heißt das: Das Projektteam evaluiert jede Woche die vergangene Woche und plant eine neue sechste Woche ein. Dies stellt eine Verstetigung der Prozesse und einen kurzzyklischen Verbesserungsprozess im Projektablauf sicher.

Dadurch ist der Produktionsplan dem Projektgeschehen stets voraus – im Gegensatz zu vielen Terminplänen in der Praxis, die dem realen Geschehen auf der Baustelle „hinterherhinken“ und durch den Terminplaner mit viel Aufwand „nachgebildet“ werden müssen.

Das Ergebnis der wöchentlichen Evaluation und alle wesentlichen Kennzahlen werden im Kennzahlenboard zusammengefasst:

- VSA: Die **Verzögerungs- und Störungsanalyse** ist Bestandteil der Produktionstafel (siehe Bild 3.14) und zeigt auf, aufgrund welcher Ursachen ein eingeplanter Prozess nicht ausgeführt wurde:
  - verspätete/fehlerhafte Materialien,
  - Vorleistungen nicht vorhanden,
  - nötige Vorleistung nicht erkannt,
  - Änderung der Priorität,
  - Mangel an Arbeitskräften,
  - Überschätzung der eigenen Leistung,
  - Nacharbeit(en),
  - fehlende/unvollständige Informationen (Planung),
  - fehlende Geräte,
  - schlechtes Wetter.
- AEZ-Gesamt: **Anteil eingehaltener Zusagen**. Das ist die „Fieberkurve“, die aufzeigt, wie viele geplante Prozesse eingehalten, d. h. umgesetzt wurden. Ziel ist ein AEZ-Wert zwischen 80 und 100 %.

  $$\text{AEZ (\%)} = \frac{\text{erledigte Zusagen}}{\text{eingeplante Zusagen}}$$

  Wenn ein Gewerk permanent >100 % liegt, ist dies ein Indikator dafür, dass das Gewerk „puffert“. Das heißt, das Gewerk plant weniger ein, als es umsetzen kann und liefert hinterher mehr Prozesse ab, als es eingeplant hat. Dies sollte vermieden werden, da dieses Gewerk anderen nachfolgenden Gewerken die Möglichkeit nimmt, ihre Prozesse entsprechend einzuplanen.

- Kontakte: Hier sind die Prozesseigner mit zugehörigen Farbzuweisungen aufgeführt.
- MS KPI: Meilenstein Key-Performance-Indikator. Diese Kurve zeigt als „Burn-Down-Diagramm" auf, welche eingeplanten Meilensteine erreicht wurden.
- Dashboard: Das ist eine komprimierte Zusammenfassung von AEZ und VSA. Es zeigt zudem auf, welche Meilensteine bereits erreicht wurden.
- VSA kumuliert: kumulierte Darstellung der Verzögerungs- und Störungsanalyse als Kuchendiagramm sowie die Top-3-Gründe für Verzögerungen und Störungen.
- AEZ-Gewerk: Anteil eingehaltener Zusagen je Gewerk. Hier wird der AEZ-Wert je Gewerk über die letzten zwölf Wochen als Kurve abgebildet.

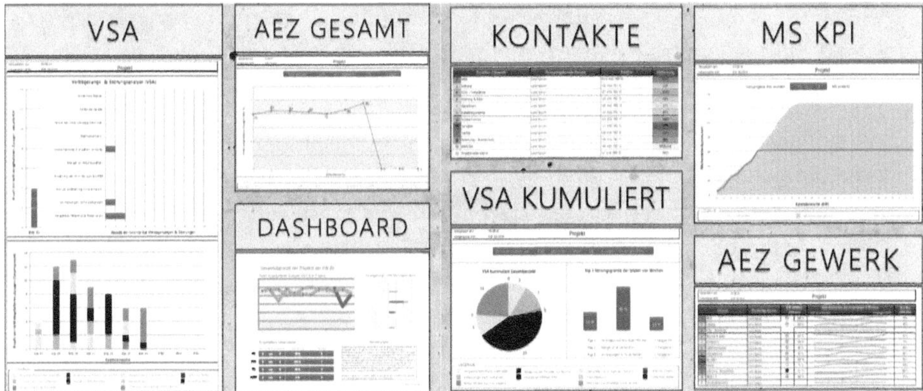

Bild 3.14 Produktionstafel mit Kennzahlen (Prinzipbild) (Quelle: Refine Projects AG, 2016)

Diese Art von Produktionsplanung benötigt Kollaboration und die Bereitschaft, sich „transparent" zu machen. Jede Woche wird sehr klar aufgezeigt, welche Zusagen nicht eingehalten wurden. Wichtig ist, allen Projektbeteiligten zu vermitteln, dass diese Art der Produktionsplanung und -steuerung kein Controlling ist. Die offene Darstellung der Kennzahlen zielt nicht darauf ab, bestimmte Gewerke öffentlich zur Verantwortung zu ziehen. Oftmals können die Gewerke gar nichts dafür, dass sich ihre Prozesse verzögern, da Vorleistungen nicht bereit sind.

Der eigentliche Zweck dieser Produktionsplanung besteht darin, die Ursachen für Störungen und Verzögerungen kurzzyklisch, d. h. wöchentlich, zu identifizieren, um alle Gewerke in die bestmögliche Lage zu versetzen, ihre Prozesse durchzuführen. Damit soll es allen Projektbeteiligten ermöglicht werden, wirtschaftlich zu arbeiten.

Kollaboration geht über die vertraglichen Verpflichtungen hinaus und erfordert von allen Beteiligten ein Verständnis des Lean-Ansatzes. Projektteams sind bei einer derartigen Zusammenarbeit vielfältigen Herausforderungen ausgesetzt, da nach wie vor traditionelle Denk- und Verhaltensmuster die Projektarbeit dominieren. Gemeint ist hier die ausgeprägte Silo-Denkweise, bei der eigene Interessen über die des Teams gestellt werden und Transparenz zugunsten eigener Vorteile verhindert wird.

Um diesen Veränderungsprozess in der Branche und in den Projekten zu meistern – weg von Kooperation hin zu Kollaboration und High Performance –, sollten die Workshops und regelmäßige Produktionsbesprechungen durch Moderatoren (und nicht durch die Projektleitung) geführt werden, da die Moderatorenrolle Neutralität sicherstellt und eine Querschnittsfunktion übernimmt (siehe hierzu Abschnitt 2.2.3). Meistens füllen Projektleiter selbst inhaltliche Rollen aus und können daher nur erschwert die neutrale Moderatorenrolle übernehmen.

Die PEP-Besprechung (Produktionsevaluations- und Produktionsplanungsbesprechung) spielt in der kollaborativen Projektplanung eine zentrale Rolle, um laufende Projekte effizient steuern zu können. Nachfolgend wird der strukturierte Ablauf einer PEP-Besprechung vorgestellt, der eine kontinuierliche Optimierung und Anpassung an die aktuellen Projektgegebenheiten ermöglicht:

1. Produktionsevaluation der letzten Woche

   Die PEP-Besprechung startet stets mit einer gemeinsamen Auswertung der letzten Produktionswoche. Dabei werden nicht nur erledigte Prozesse und erreichte Meilensteine betrachtet, sondern auch eventuelle Probleme oder Verzögerungen analysiert. Insbesondere die Identifikation der Probleme ist wertvoll für die weitere Produktionsplanung, da nur so Stabilität in den Prozessen erreicht werden kann. Ziel ist die Identifikation sowohl von Erfolgsfaktoren als auch von Verbesserungspotenzialen.

2. Durchsprechen von Aktionsplan und Risikomatrix

   Nach der Auswertung liegt der Fokus auf der Aktualisierung des Aktionsplans und der Risikomatrix (siehe Bild 3.16). Die Matrix bewertet Risiken hinsichtlich ihrer Wahrscheinlichkeit und potenziellen Auswirkungen auf das Projekt. Je nach Risikoeinschätzung werden präventive Maßnahmen entwickelt:

   - Risiken im „roten Bereich“: Sofortige Handlungsbedarfe werden definiert.
   - Risiken im „gelben Bereich“: Aufgaben für baldige Umsetzung werden festgelegt.
   - Risiken im „grauen Bereich“: Beobachtung und spätere Bewertung.

   In den Aktionsplan werden darüber hinaus alle Aufgaben aufgenommen, die relevant sind, um alle Prozesseigner eine 6-Wochen-Produktionsplanung zu ermöglichen. Ist z. B. eine Entscheidung des Bauherrn notwendig oder die Klärung einer Ressource vorzunehmen, kann dies als Aufgabe im Aktionsplan erfasst werden.

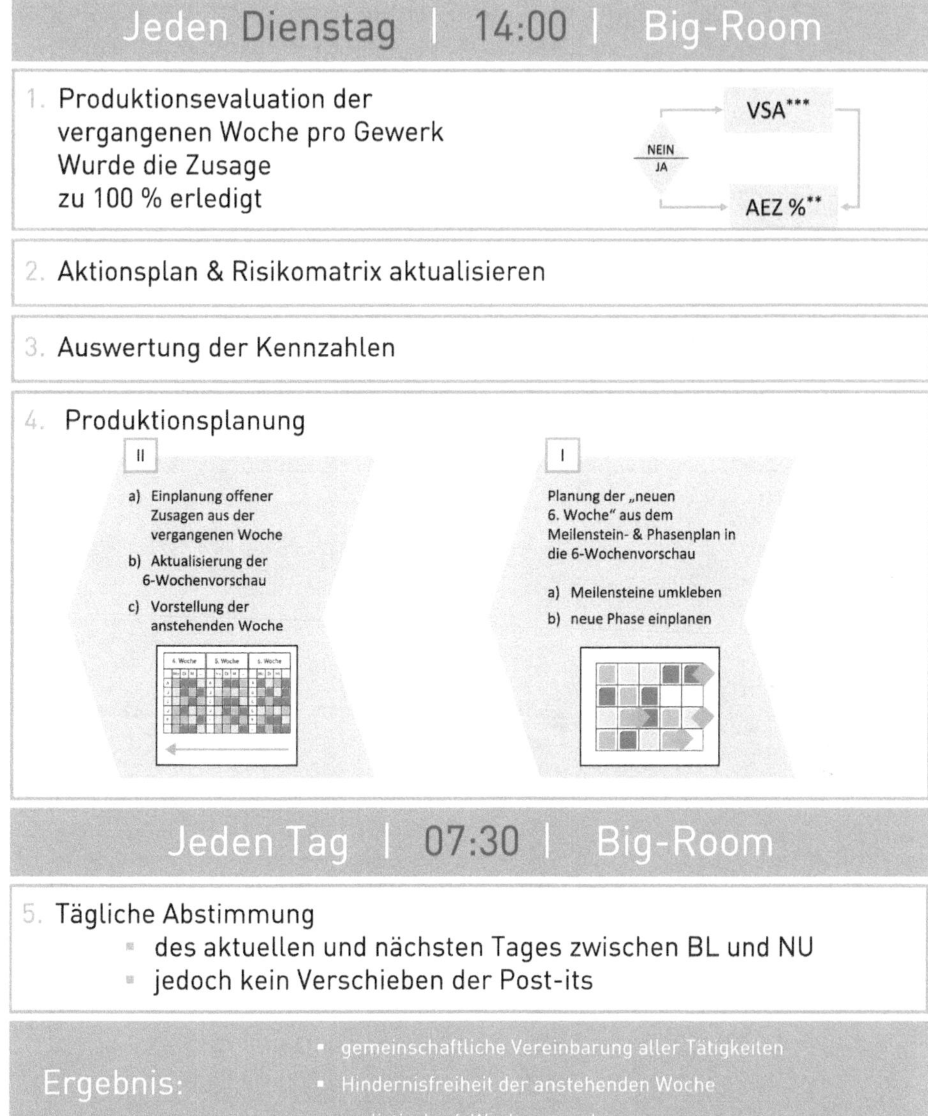

Bild 3.15 Ablauf der Produktionsevaluations- und Produktionsplanungsbesprechung (PEP-Besprechung) (Quelle: Refine Projects AG, 2016)

3. Auswertung der Kennzahlen: AEZ und Verzögerungs- und Störungsanalyse

   Der nächste Punkt auf der Tagesordnung ist die quantitative Evaluierung der Projektperformance anhand der Kennzahl „AEZ" (Anteil eingehaltener Zusagen je Gewerk), die die Effizienz der letzten Produktionswoche misst. Zusätzlich werden Verzögerungen und Störungen analysiert, um die Ursachen für Abweichungen vom Plan zu identifizieren. Diese Erkenntnisse fließen in die folgende Produktionsplanung ein.

4. Kollaborative Produktionsplanung

   In diesem Abschnitt wird interdisziplinär die Planung für die kommenden Wochen vorgenommen. Alle Prozesseigner sind eingebunden, und die nächsten sechs Wochen werden gemeinsam geplant und abgestimmt. Diese kollektive Vorgehensweise sorgt für realistische und umsetzbare Pläne und fördert die Motivation der Beteiligten.

   Zum Abschluss der PEP-Besprechung wird die 6-Wochen-Vorschau für die nächsten sechs Wochen gemeinsam durchgesprochen. Anschließend wird die Planung für die unmittelbar bevorstehende Woche „eingefroren“, um Klarheit und Fokus für die kurzfristigen Ziele und Zuständigkeiten zu schaffen.

   Die regelmäßig durchgeführte PEP-Besprechung ermöglicht es, die Produktion kontinuierlich zu optimieren und Probleme bzw. Herausforderungen frühzeitig zu erkennen.

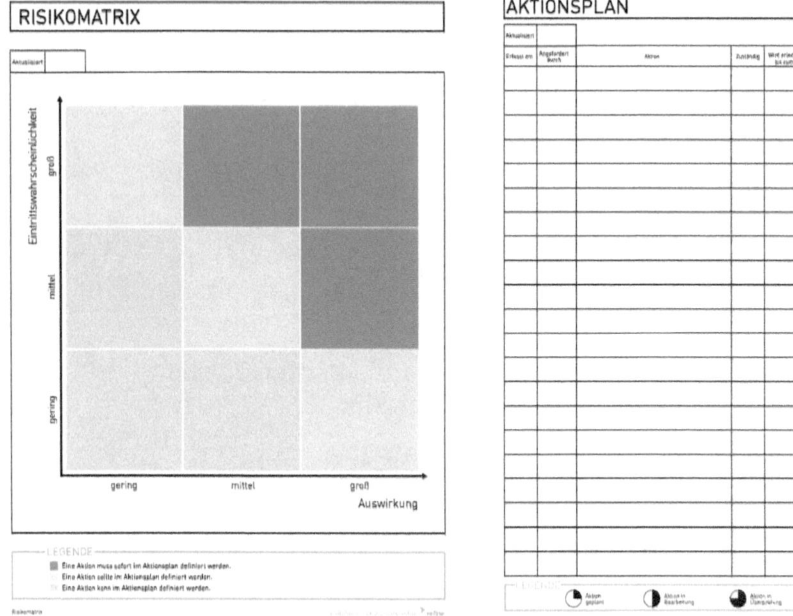

Bild 3.16 Risikomatrix und Aktionsplan (Prinzipbild) (Quelle: Refine Projects AG, 2016)

3.3.3 Ziel- und aufgabenorientiertes Vorgehen

Ziel- und aufgabenorientiertes Vorgehen (ZAV) bedeutet: Durch klare Grenzen schaffen wir erst einen Raum freier Aktivität. ZAV ist eine Methode, die dazu dient, effiziente und fokussierte Meetings zu gestalten. Sie ist sowohl für interne Teams als auch für Kundengespräche geeignet und hat Parallelen zu Scrum. So wie in Scrum Sprints definiert werden, wird hier ein „Sprint" für ein Meeting festgelegt.

Warum ZAV? Es mag paradox klingen, aber freie Arbeit in einer Gruppe ist nur möglich, wenn klare Rahmenbedingungen gegeben sind. Ohne klare Grenzen geht Zeit verloren, entsteht Frust und das Endergebnis ist Verschwendung in doppelter Hinsicht: Müll und Zeitverlust.

Im Alltag geht man gerne davon aus, dass es schon klar ist, um was es geht. Aber oft ist genau das Gegenteil der Fall! Die Empfehlung lautet daher, stets von einem möglichen Missverständnis auszugehen und dies von Anfang an zu klären.

Schlüsselelemente des ZAV sind (siehe Bild 3.17):

- Thema: Dient zur Orientierung und zur Bündelung der ersten Gedanken.
- Ziel: Definiert den Zustand, der am Ende des Meetings erreicht werden soll. Ein konkretes und ambitioniertes Ziel kann das Team zusätzlich motivieren.
- Aufgaben: Gemeint sind die Schritte, die zum Erreichen des Ziels notwendig sind.

  In einem Workshop könnte die Agenda etwa so aussehen:
  - Begrüßung und Einführung (5 Min),
  - IST-Analyse/Engpässe identifizieren (20 Min),
  - Lösungsvorschläge entwickeln (10 Min),
  - Entscheidung treffen (5 Min),
  - Review (5 Min).
- Ressourcen: Alles, was zur Zielerreichung benötigt wird. In Meetings ist dies beispielsweise die Zeit, aber auch Infrastruktur wie Beamer oder Flipcharts.
- Funktionen: Klären Sie die Rollen im Team, um Missverständnisse zu vermeiden.

  Dazu gehören:
  - Teilnehmer: Alle sind gleichberechtigt.
  - Leiter: Eine Person hat die finale Entscheidungsautorität.
  - Berater: Bringt Methoden- und Erfahrungswissen ein.
  - Beobachter: Lässt Rückschlüsse auf die Teamdynamik zu.
  - Verhandler: Klärt Angelegenheiten mit anderen Teams.
- Abschluss

Es ist empfehlenswert, das ZAV-Modell im Voraus vorzubereiten und allen Teilnehmern rechtzeitig zur Verfügung zu stellen – idealerweise noch vor dem Meeting. Dadurch schaffen Sie frühzeitig Klarheit, nicht nur für die Teilnehmer, sondern auch für sich selbst.

Ein häufig vorgebrachtes Gegenargument ist, dass diese Methode umständlich und zeitaufwendig sei. Doch stellt sich die Frage: Gibt es eine effektivere Alternative? Eine gute Vorbereitung kostet Zeit vor dem Meeting, spart jedoch ein Vielfaches, wenn man die Effektivität und Effizienz aller Beteiligten durch ZAV berücksichtigt (siehe Bild 3.18). Ein Beispiel für ZAV ist in Bild 3.19 dargestellt.

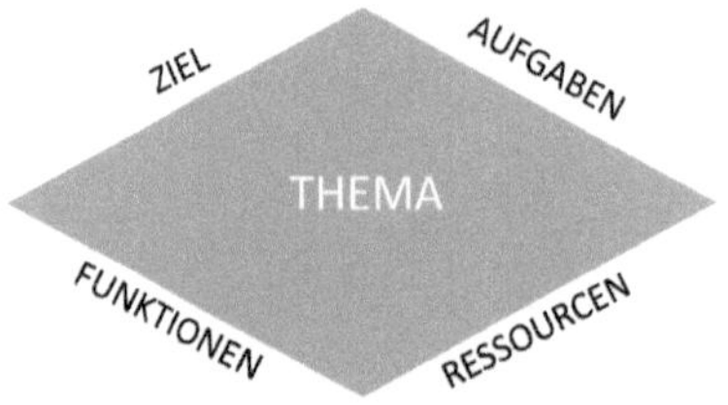

Bild 3.17 Ziel- und aufgabenorientiertes Vorgehen (ZAV)

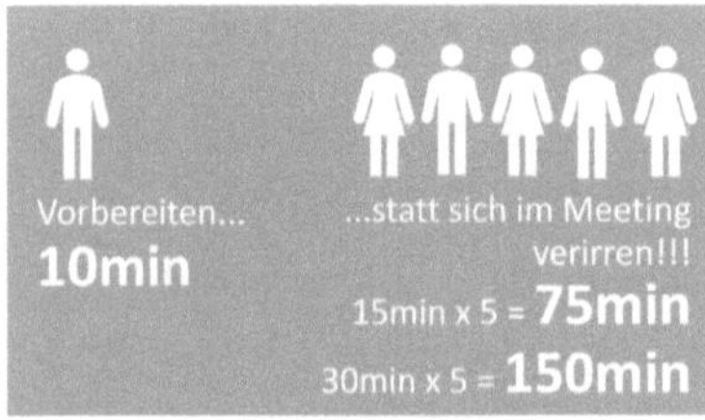

Bild 3.18 Gute Vorbereitung lohnt sich!

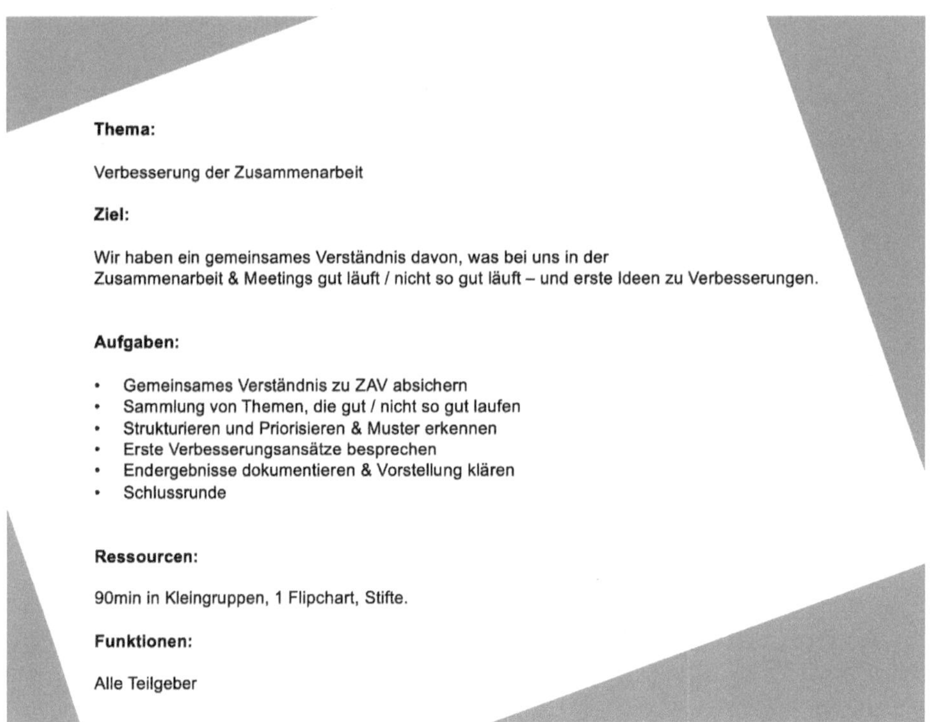

Thema:

Verbesserung der Zusammenarbeit

Ziel:

Wir haben ein gemeinsames Verständnis davon, was bei uns in der Zusammenarbeit & Meetings gut läuft / nicht so gut läuft – und erste Ideen zu Verbesserungen.

Aufgaben:

- Gemeinsames Verständnis zu ZAV absichern
- Sammlung von Themen, die gut / nicht so gut laufen
- Strukturieren und Priorisieren & Muster erkennen
- Erste Verbesserungsansätze besprechen
- Endergebnisse dokumentieren & Vorstellung klären
- Schlussrunde

Ressourcen:

90min in Kleingruppen, 1 Flipchart, Stifte.

Funktionen:

Alle Teilgeber

Bild 3.19 Beispiel für den Aufbau eines ZAV

3.3.4 Priorisierung

Die Eisenhower-Matrix ist ein einfaches, aber effektives Zeitmanagement-Tool, das auf dem Prinzip der Priorisierung von Aufgaben basiert. Es wurde nach Dwight D. Eisenhower benannt, der für seine Fähigkeit bekannt war, Aufgaben effizient zu organisieren und zu delegieren.

Die Matrix besteht aus einem 2 × 2-Raster mit folgenden Quadranten (siehe Bild 3.20):

- Wichtig und dringend: Hier werden Aufgaben eingetragen, die sofort erledigt werden müssen.
- Wichtig, aber nicht dringend: Quadrant für Aufgaben, die geplant werden können.
- Nicht wichtig, aber dringend: Quadrant für Aufgaben, die delegiert werden können.
- Nicht wichtig und nicht dringend: Quadrant für Aufgaben, die möglicherweise eliminiert werden können.

Die Verwendung der Eisenhower-Matrix in der Projektabwicklung kann sehr hilfreich sein:

- Priorisierung von To-dos: Die Matrix hilft dabei, die Prioritäten klar zu identifizieren, indem sie Aufgaben basierend auf ihrer Dringlichkeit und Wichtigkeit einordnet. Dies kann die Produktivität verbessern, da so sichergestellt wird, dass die wichtigsten Aufgaben zuerst erledigt werden.
- Besseres Zeitmanagement: Durch die Kategorisierung von Aufgaben in der Matrix kann man schnell erkennen, welche Aufgaben sofortige Aufmerksamkeit erfordern und welche planbar sind. Das kann dazu beitragen, Zeit effizienter zu nutzen.
- Reduzierung von Stress: Indem man Aufgaben in die Matrix einordnet, kann man leichter erkennen, welche Aufgaben man delegieren oder sogar ganz eliminieren kann. Dies kann dabei helfen, den Arbeitsaufwand zu reduzieren und Stress abzubauen.
- Verbesserte Entscheidungsfindung: Die Matrix kann als Werkzeug zur Entscheidungsfindung dienen, indem sie dabei hilft, die Konsequenzen von Handlungen oder Nicht-Handlungen in Bezug auf bestimmte Aufgaben zu visualisieren.

Die Eisenhower-Matrix ermöglicht bei der Projektabwicklung eine fokussierte und effektive Erledigung von Aufgaben und Zusagen. Sie stellt sicher, dass die wichtigsten und dringendsten Aufgaben Priorität erhalten und die Ressourcen des Projekts auf die effizienteste Weise genutzt werden (siehe Bild 3.20).

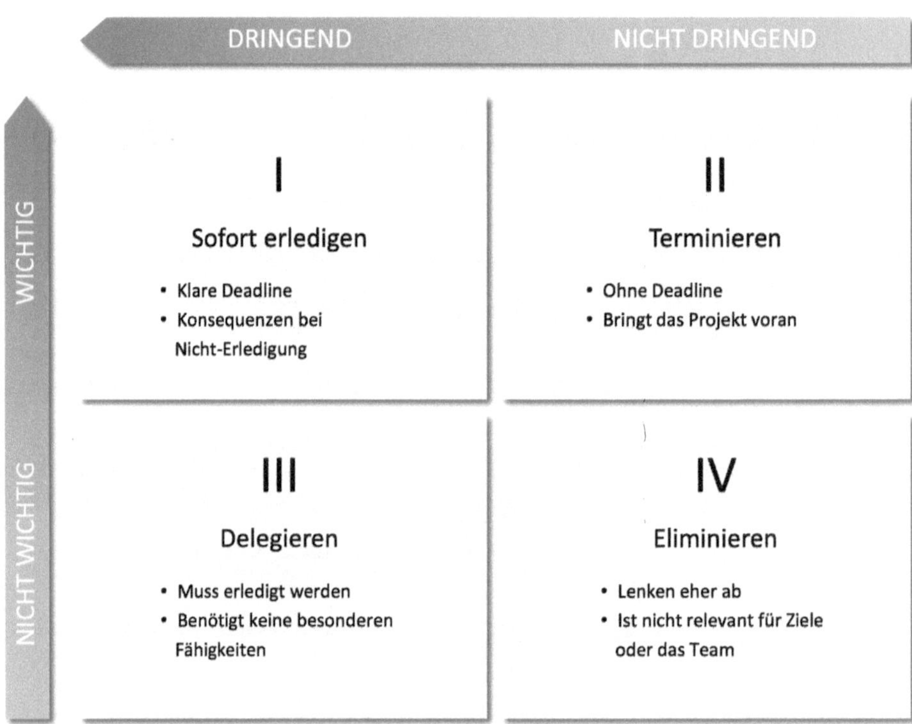

Bild 3.20 Eisenhower-Matrix

3.3.5 Feedbackschleife und Verbesserung

Feedback ist ein mächtiges Werkzeug zur Steigerung der Effizienz, Verbesserung der Zusammenarbeit und Förderung der kontinuierlichen Verbesserung in Projekten. Es stellt sicher, dass jeder auf dem richtigen Weg ist und hilft dabei, die Ziele des Projekts erfolgreich zu erreichen.

Das mächtige Werkzeug – falsch angewendet oder gar missbraucht durch toxische Verhaltensweisen (siehe hierzu Abschnitt 1.3.1) – kann in der Beziehungsebene aber auch Schaden anrichten. Insbesondere wenn persönliches Feedback unsachlich gegeben wird. Nachfolgende fünf Werkzeuge sollten helfen, sachliches und konstruktives Feedback zu geben:

1. Stellung beziehen: Meine Haltung kommt klar und eindeutig zum Ausdruck. Anwendungsmöglichkeiten: „Wie geht es mir?“ jeweils freitags, z. B. „Wie geht es mir mit dem Projekt oder dem Meeting?“
2. Aktiv zuhören: Beim aktiven Zuhören wende ich mich dem anderen interessiert zu und gebe seine Kernbotschaften – aus seiner Sicht und in meinen eigenen Worten – wieder. Anwendungsmöglichkeiten: Wenn man Feedback von jemandem (Kollegen oder Kunden) bekommt.

3. Grenzen aufzeigen: Ich rufe – auf gleicher Augenhöhe – Absprachen in Erinnerung und weise auf Treffer und Abweichungen gleich am Entstehungsort hin. Anwendungsmöglichkeiten: Absprachen, die nicht eingehalten werden (Zusagen etc.), Zeitüberschreitungen in Meetings, Themenabweichungen in Meetings (z. B. von der Problemanalyse in die Lösungsentwicklung springen).
4. Rückmeldung einholen: Ich spreche meine Wirkung an, zeige Einsicht und frage um Rat. Meine Selbstkritik überzeugt, meine Lernbereitschaft beeindruckt. Anwendungsmöglichkeiten: In einer frühen Phase der Zusammenarbeit mit dem Kunden oder mit einem Kollegen. Immer dann, wenn man das Gefühl hat, dass etwas nicht stimmt bzw. zwischen mir und meinem Gesprächspartner steht.
5. Rückmeldung geben (Teil 1): Bei der Rückmeldung weise ich auf konkrete Beobachtungen hin und benenne meine Gefühle. Deutungen und Beurteilungen äußere ich nur auf Nachfrage. Anwendungsmöglichkeiten: Wenn mich etwas stört. Wenn ich mich über etwas freue.
   Rückmeldung geben (Teil 2): No-Gos bei Rückmeldungen sind:
   - Verallgemeinerungen und Pauschalierungen wie „immer", „nie", „man", „alle",
   - Bewertungen wie „finde ich schlecht", „besser als", „Fehler",
   - Drumherumreden wie „manchmal gibt es Situationen, ...".

3.4 Abschluss

3.4.1 Reflektion

Ein sorgfältiger Projektabschluss ist entscheidend, um das Projekt professionell zu beenden, wichtige Erkenntnisse für zukünftige Projekte zu gewinnen und die Teamleistung hinsichtlich Erfolge und Verbesserungsmöglichkeiten zu evaluieren sowie die Arbeit des Teams zu würdigen. Das Bewusstsein für das gemeinsam Erreichte zu schärfen, ist ein wesentlicher Schritt, um die Weiterentwicklung der Teammitglieder zu fördern und Beziehungen für zukünftige Projekte zu festigen. Eine beispielhafte Agenda für einen **Abschlussworkshop** oder eine Reflexionsrunde könnte folgendermaßen gestaltet sein:

09:00 Begrüßung, Vorstellung und Erwartungsabfrage

09:15 Reflektion im Team über Segelboot-Methode

09:45 Durchsprache/Clusterung

10:30 Pause

10:45 Identifikation und Evaluierung Zielerreichung Projektziele

11:30 Reverse Engineering mit Nominalgruppentechnik zur Identifikation von Triggerpunkten

12:30 Mittagspause

13:30 Potenzialanalyse und Ableitung von Ansatzpunkten für die Verbesserung

15:00 Closeout/Projektabschluss

Im Folgenden werden die wesentlichen Punkte „Reflektion mit der Segelboot-Methode", das „Reverse Engineering" und die „Potenzialanalyse und Ableitung von Ansatzpunkten für die Verbesserung" erklärt. Die restlichen Punkte sind weitestgehend übliche Ansätze aus dem Projektmanagement und bedürfen hier keiner besonderen Beschreibung.

Reflektion im Team mit der Segelboot-Methode

Die Segelboot-Methode ist eine beliebte Technik zur Teamreflexion und Verbesserung der Teamleistung. Sie eignet sich besonders für Retrospektiven und Projektabschluss-Meetings, in denen Teams über bisherige Erfolge und Herausforderungen reflektieren und Wege zur Optimierung suchen.

Die Methode wird häufig visuell dargestellt (siehe Bild 3.21), indem ein Segelboot auf ein Flipchart oder ein Whiteboard gezeichnet wird. Dabei symbolisieren die verschiedenen Teile des Segelboots die folgenden Aspekte:

- Wind: Der Wind repräsentiert die Kräfte, die das Projekt oder Team vorantreiben. Es kann sich hier um motivierte Teammitglieder, gute Werkzeuge oder erfolgreiche Prozesse handeln.
- Insel: Dies ist das Ziel oder die Vision, auf die das Team zusteuern möchte. Es sollte für alle klar und verständlich sein.
- Anker: Er steht für die Hindernisse oder Herausforderungen, die den Fortschritt bremsen oder stoppen. Das könnten beispielsweise unklare Anforderungen, technische Engpässe oder Kommunikationsprobleme sein.
- Fels unter Wasser: Der Fels symbolisiert die Risiken, die noch nicht aufgetreten sind, aber potenziell problematisch werden könnten.

Alle Teilnehmer werden aufgefordert, Erfahrungen, Erkenntnisse, Einflussfaktoren, Hindernisse und Risiken zu identifizieren und auf den entsprechenden Teilen des Segelboots mithilfe von Post-its zu platzieren. Anschließend wird gemeinsam diskutiert, wie die „Anker" gelichtet und die Segel besser genutzt werden können, um die gesetzten Ziele zu erreichen.

Die Segelboot-Methode ist eine einfache, aber effektive Weise, den Status eines Projekts zu analysieren und konkrete Maßnahmen für die Zukunft zu planen.

Bild 3.21 Segelboot-Methode als Technik für den Reflektionsworkshop

Reverse Engineering mit Nominalgruppentechnik zur Identifikation von Triggerpunkten

Reverse Engineering befasst sich damit, potenzielle Probleme oder Engpässe zu identifizieren, indem man gemeinsam überlegt, wie die Situation verschlimmert werden könnte. Sind die „Worst-Case-Szenarien" erst einmal identifiziert, können präventive Maßnahmen ergriffen werden, um zu verhindern, dass sie eintreten (siehe Bild 3.22). Dies ist eine interessante Perspektivumkehrung, um vorbeugende und korrektive Maßnahmen zu planen.

- Worst-Case-Szenarien entwickeln: Das Team wird aufgefordert, mögliche Szenarien und Handlungen zu entwerfen, in denen der aktuelle Zustand noch weiter verschlechtert wird. Was könnte schlimmstenfalls passieren?
- Anschließend wird in einem Brainstorming auf Post-its anhand der Nominalgruppentechnik von allen Teilnehmern eruiert, welche Maßnahmen bzw. Vorkehrungen solche Szenarien und Handlungen vermeiden (= Triggerpunkte).
- Die Nominalgruppentechnik ist eine strukturierte Methode für kreative Problemlösungen in Teams. Sie ist besonders hilfreich für eine effiziente Entscheidungsfindung und minimiert Verzerrungen durch Hierarchien oder dominante Persönlichkeiten. Sie umfasst folgende Schritte:

- Individuelle Ideenfindung: Jedes Teammitglied notiert seine Ideen individuell und ohne Diskussion mit anderen.
- Präsentation: Jedes Teammitglied stellt seine Ideen der Gruppe vor. Es gibt keine Diskussion zu diesem Zeitpunkt, die Ideen werden lediglich gesammelt.
- Diskussion: Die Gruppe diskutiert die vorgestellten Ideen, um Klarheit zu schaffen und Fragen zu beantworten.
- Priorisierung und Abstimmung: Jedes Teammitglied stimmt für die besten Ideen ab, oft durch eine Punktevergabe.
- Ergebnisauswertung: Die Ideen werden nach der Anzahl der erhaltenen Punkte sortiert, und die Gruppe bespricht das Ergebnis.

Bild 3.22 Reverse Engineering (Prinzipbild) (Quelle: Refine Projects AG, 2023)

Potenzialanalyse und Ableitung von Ansatzpunkten für die Verbesserung

Die Potenzialanalyse dient der systematischen Identifizierung von Möglichkeiten in einem Projekt. Sie soll aufzeigen, welche Verbesserungsmöglichkeiten bestehen.

- Die Datenerhebung ist über die Segelboot-Methode und das Reverse Engineering erfolgt.
- Identifikation von Potenzialen: Auf Grundlage einer gemeinsam festgelegten Struktur werden nun Potenziale für Verbesserungen abgeleitet und diskutiert. Die Struktur kann beispielsweise wie folgt aufgebaut sein:
  - Funktionen: Personal – Projektentwicklung – Bedarf – Kosten/Budget – Beschaffung – Organisation – Rollen – Schnittstellen
  - Kompetenzen: Kultur – Führung – System – Prozesse
- Priorisierung: Die identifizierten Potenziale werden nach ihrer Bedeutung und Machbarkeit priorisiert.
- Ableitung von Ansatzpunkten: Basierend auf der Priorisierung werden konkrete Ansatzpunkte für Verbesserungsmaßnahmen abgeleitet.

Durch die systematische Vorgehensweise der Potenzialanalyse kann das Projektteam fundierte Schlüsse ziehen und effiziente Strategien für die Verbesserung entwickeln.

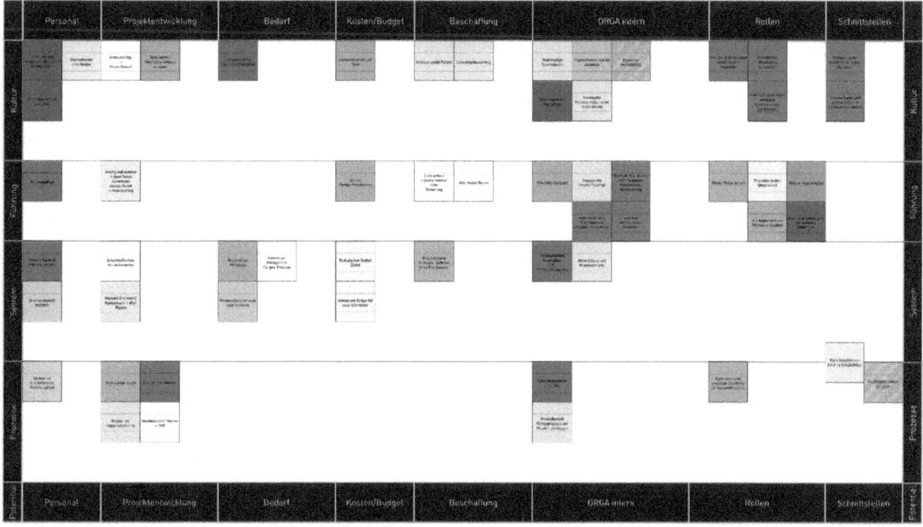

Bild 3.23 Potenzialanalyse (Prinzipbild) (Quelle: Refine Projects AG, 2023)

3.4.2 Closeout

Der Projekt-Closeout stellt den formalen Abschlussprozess des Projekts dar. Er unterscheidet sich vom Reflektionsworkshop, der ein wichtiger Abschlussmeilenstein für die inhaltliche Vollendung eines Projekts ist. Im Rahmen des Closeouts sind verschiedene Schritte zu beachten:

- Abschlussbericht: Dieser detaillierte Bericht erfasst den gesamten Projektverlauf, die erreichten Ziele und gewonnenen Erkenntnisse.
- Archivierung von Dokumenten: In diesem Schritt werden alle relevanten Unterlagen systematisch archiviert. Dazu gehören nicht nur offizielle Dokumente, sondern auch E-Mails, Protokolle und andere Kommunikationsmittel, die während des Projekts eine Rolle gespielt haben.
- Vertragsabschluss und formale Akzeptanz: Die letzte Phase beinhaltet die formale Unterzeichnung aller Dokumente, die den Projektabschluss bestätigen. Dies kann auch die letzten Zahlungsflüsse an Auftragnehmer oder die formelle Übergabe von Projektresultaten an den Kunden umfassen.

Dieses Buch fokussiert jedoch nicht auf diese formalen Aspekte, sondern widmet sich den kollaborativen und inhaltlichen Themen. Daher wird auf eine detailliertere Beschreibung des Closeouts verzichtet.

Literaturverzeichnis

Ballard, Glenn; Howell, Gregory (1998): What Kind of Production Is Construction? [Beitrag], in: 6th Annual Conference of the International Group for Lean Construction, Guarujá, Brasilien.

Statistisches Bundesamt (Destatis): Bruttowertschöpfung nach ausgewählten Wirtschaftsbereichen in jeweiligen Preisen, [online] *https://www.destatis.de/DE/Themen/Wirtschaft/Konjunkturindikatoren/Volkswirtschaftliche-Gesamtrechnungen/vgr210.html#241 964.*

Dweck, Carol S. (2015): Growth, in: British Journal Of Educational Psychology, Bd. 85, Nr. 2, S. 242–245, [online] doi:10.1111/bjep.12 072.

Edmondson, Amy C. (1999): Psychological Safety and Learning Behavior in Work Teams, in: Administrative Science Quarterly, Vol. 44, No. 2, S. 350–383.

Gallup, Inc. (2024): Engagement Index Deutschland 2021, [online] *https://www.gallup.com/de/321 938/engagement-index-deutschland-2020.aspx*.

Glasl, Friedrich (2013): Konfliktmanagement: Ein Handbuch für Führungskräfte, Beraterinnen und Berater, 11. Auflage, Haupt Verlag, Bern, Schweiz.

Google re:Work (2015): [online] *https://rework.withgoogle.com/print/guides/5 721 312 655 835 136/*.

Grant, Adam [AdamMGrant] (2020, 13. April): A lesson it took me too long to learn: Liking someone does not mean you'll like working with them... or work well with them ... [Post], Twitter [online], *https://twitter.com/AdamMGrant/status/1 292 859 239 296 360 448*.

Kauffeld, Simone (2019): Arbeits-, Organisations- und Personalpsychologie für Bachelor. Lesen, Hören, Lernen im Web, 3. Aufl., Springer Verlag, Berlin.

Kloppe, Stefan (2023): [online] *https://stefan-kloppe.de* [Workshop].

Kochuba, Angela (2022): [Post], Linkedin [online].

Köppen, Alexander (2000): Problemlösung in der Beratung, in: Scheer, August-Wilhelm; Köppen, Alexander: Consulting: Wissen für die Strategie-, Prozess- und IT-Beratung, Springer Verlag, Berlin.

Koskela, Lauri (2000): An exploration towards a production theory and its application to construction [Dissertation], Helsinki University of Technology, Finnland, *https://www.researchgate.net/publication/35018344_An_Exploration_Towards_a_Production_Theory_and_its_Application_to_Construction*.

Lencioni, Patrick M. (2014): Die 5 Dysfunktionen eines Teams, Wiley-VCH, Weinheim.

Liker, Jeffrey K.; Hoseus, Michael (2008): Toyota Culture: The Heart and Soul of the Toyota Way, McGraw Hill Professional, New York City, USA.

Liker, Jeffrey K.; Meier, David (2007): Toyota Talent: Developing Your People the Toyota Way, McGraw Hill Professional, New York City, USA.

Mai, Christoph-Martin; Körner, Thomas (2016): Produktivität und Qualität der Arbeit – zwei Seiten einer Medaille? [Vortrag], in: 25. Wissenschaftliches Kolloquium „Das Produktivitäts-Paradoxon – Messung, Analyse, Erklärungsansätze“, Statistisches Bundesamt | Erwerbstätigenrechnung, Arbeitsmarkt, *https://www.destatis.de/DE/Ueber-uns/Kolloquien-Tagungen/Kolloquien/2016/PraesentationKoerner.pdf?__blob=publicationFile*.

Mattessich, Paul W.; Monsey, Barbara R. (1992): Collaboration: What Makes It Work. A Review of Research Literature on Factors Influencing Successful Collaboration, Amherst H. Wilder Foundation, St. Paul, USA.

McKinsey Global Institute (Hrsg.) (2017): Reinventing Construction: A Route to higher productivity, [online] *https://www.mckinsey.com/~/media/mckinsey/business%20functions/operations/our%20insights/reinventing%20construction%20through%20a%20productivity%20revolution/mgi-reinventing-construction-a-route-to-higher-productivity-full-report.pdf*.

Nimmervoll, Lisa (2015, 09. November): Hirnforscher Hüther „Viel wichtiger als Wissen ist Erfahrung“ (Interview), [online] *https://www.derstandard.at/story/2000025297218/hirnforscher-huether-viel-wichtiger-als-wissen-ist-erfahrung*.

Pasquire, Christine (2012): The 8th Flow – Common Understanding [Beitrag], in: Proceedings of the 20th Annual Conference of the International Group for Lean Construction, *https://leanconstruction.org.uk/wp-content/uploads/2018/09/Pasquire-The-8th-flow-Common-Understanding.pdf*.

Pasquire, Christine; Court, Peter (2013): An Exploration of Knowledge and Understanding – The 8th Flow [Beitrag], in: 21th Annual Conference of the International Group for Lean Construction, Forteleza, Brasilien.

Pawlowsky, Peter; Mistele, Peter (2008): Hochleistungsmanagement: Leistungspotenziale in Organisationen gezielt fördern, Springer Verlag, Berlin.

Precht, Richard David (2013): Anna, die Schule und der liebe Gott. Der Verrat des Bildungssystems an unseren Kindern, Goldmann Verlag, München.

Project Management Institute (2021): A Guide to the Project Management Body of Knowledge (PMBOK® Guide) and the Standard for Project Management, 7. Auflage.

Schöttle, Annett; Haghsheno, Shervin; Gebauer, Fritz (2014): Defining Cooperation and Collaboration in the Context of Lean Construction, in: 22nd Annual Conference of the International Group for Lean Construction, Oslo, Norwegen.

Sinek, Simon [Simon Sinek's The Optimism Company] (2019): We are hardwired to protect ourselves. We avoid danger and seek out places in which we feel safe [Post], Linkedin [online], *https://www.linkedin.com/posts/simon-sinek_performance-vs-trust-activity-6599045643640029184-z069/?originalSubdomain=ch*.

von Thun, Friedemann Schulz; Ruppel, Johannes; Stratmann, Roswitha (2003): Miteinander reden: Kommunikationspsychologie für Führungskräfte, Rowohlt Verlag, Berlin.

Wachter, Lena (2021): Einflussmöglichkeiten des Projektmanagements auf die Motivation von Projektbeteiligten in Bauvorhaben zur Steigerung der Arbeitsproduktivität [Masterarbeit], Karlsruher Institut für Technologie – Institut für Technologie und Management im Baubetrieb, *https://www.tmb.kit.edu/942_6155.php*.

Wachter, Lena (2022): Vortrag bei refine Projects AG.

Index

H

I

K

L

M

N

P

R

S

T

V

W

Z